原発賠償を問う

曖昧な責任、翻弄される避難者

原発避難者らが暮らす福島県の仮設住宅(2013年1月，筆者撮影)

除本 理史

岩波ブックレット No. 866

はじめに

二〇一一年三月に起きた福島原発事故は、未曽有の被害を引き起こした。事故の影響は広い範囲に及び、多くの被害をもたらした。大量の放射性物質が飛散したため、水や土壌、森林などが汚染され、多数の人びとが被曝した。また経済的にも、農林水産業や観光業だけでなく、ありとあらゆる産業に被害が出ている。家屋などの価値喪失もある。

こうした被害はきちんと補償されるべきだし、それが原発のコストを安く見積もって推進してきた政策の誤りを明らかにすることにもなる。

このブックレットでは、「責任」をキーワードにして、〝原発賠償〟の仕組みや問題点を読み解いていきたい。責任とは、いうまでもなく、福島原発事故を起こした東京電力（東電）や、政府などの責任である。本書の主題は、責任の詳細を論じるよりも、むしろ責任が曖昧にされていることからどのような問題が起きているのか、という全体像を俯瞰《ふかん》することにある。

全国紙のような大手メディアでは、〝原発賠償〟というと、東電の資金繰りに関心が集まる傾向がある。これも重要な論点の一つにはちがいないが、何よりもまず大切なのは、被害の全容を把握し、実態に即した補償を行なうことだろう。そのためにも、今回の事故の責任を明確にすることが必要である。東電の資金繰りの問題も、責任論を前提に考えていかなければならない。

以下では、まず第Ⅰ章で、〝原発賠償〟の仕組みについて説明し、東電と政府の責任を曖昧にしていることから生じる問題点について述べる。とくに、東電の策定する基準が補償の範囲をせまく限定していること、そして東電が政府とともに早くも補償打ち切りに向けて動いていることなどをとりあげる。

第Ⅱ章では、さまざまな事故被害のなかでも原発避難に焦点をあて、避難者たちの現状、被害を明らかにするとともに、生活再建と現行の被害補償との間に大きなギャップがあることを指摘する。避難とは被曝を避ける行為だが、たとえば全住民が避難した地域では社会経済的機能がほぼ完全に麻痺《まひ》するなど、深刻な被害をもたらすのである。

最後に第Ⅲ章では、〝原発賠償〟のあるべき姿について論じる。その際、水俣病をはじめ戦後日本の公害問題の教訓についても言及する。

これら三つの章を通じて、責任が曖昧にされ、加害者「主導」の被害補償が進められていることから、多くの問題が起きていることを明らかにしたい。原発事故がなければあったはずの仕事や生活を避難者が取り戻すためには、過去の被害への十分な補償と、将来に向けた生活再建措置がともに不可欠だが、東電と政府の責任を明確にしなければ、それらが難しいということが分かるだろう。

なお、あらかじめ「賠償」「補償」の語の使い分けについて、説明しておく。筆者は、「賠償」を含むより広い概念として「補償」の語を用いている。「補償」は、法的な賠償責任を前提としない場合(たとえば「社会的責任」など)を含み、また、金銭賠償を超えた広義の「償い」をも含意する。ただし、「賠償」と表記するのが自然であり、内容上も問題のない場合にはそちらを用いた。

第Ⅰ章　曖昧にされる賠償責任——政府・東電の責任を問う

1　東電は「無過失」か——原賠法と福島原発事故

福島原発事故の責任

今回の事故被害をめぐる責任は、大きく分けて三つのレベルで考えることができるだろう。

第一は、そもそも「国策」として原子力発電を推進してきた責任である。この推進主体は、政府や電力会社だけでなく関連業界などを含む、いわゆる「原子力村」と呼ばれる複合体である。この複合体を構成しているのは、原発をもつ電力会社九社、関連業界、電力関連の労働組合、中央官庁、一部の政治家(国・地方議員、自治体首長)、原子力工学出身の一部の学者・研究者などである。電力会社と国(中央官庁と政治家)が、複合体の中心部分をなす(**図1**)。

第二は、地震・津波の想定が甘く、また耐震設計に不備があったこと、原発設置許可に重大な問題があったことなど、事故を防ぐ対策や規制が十分でなかったという点である。これは主に、東電と政府の責任である。

第三は、事故が起きてからの対応に問題があったことである。これは根本的には、深刻な事故

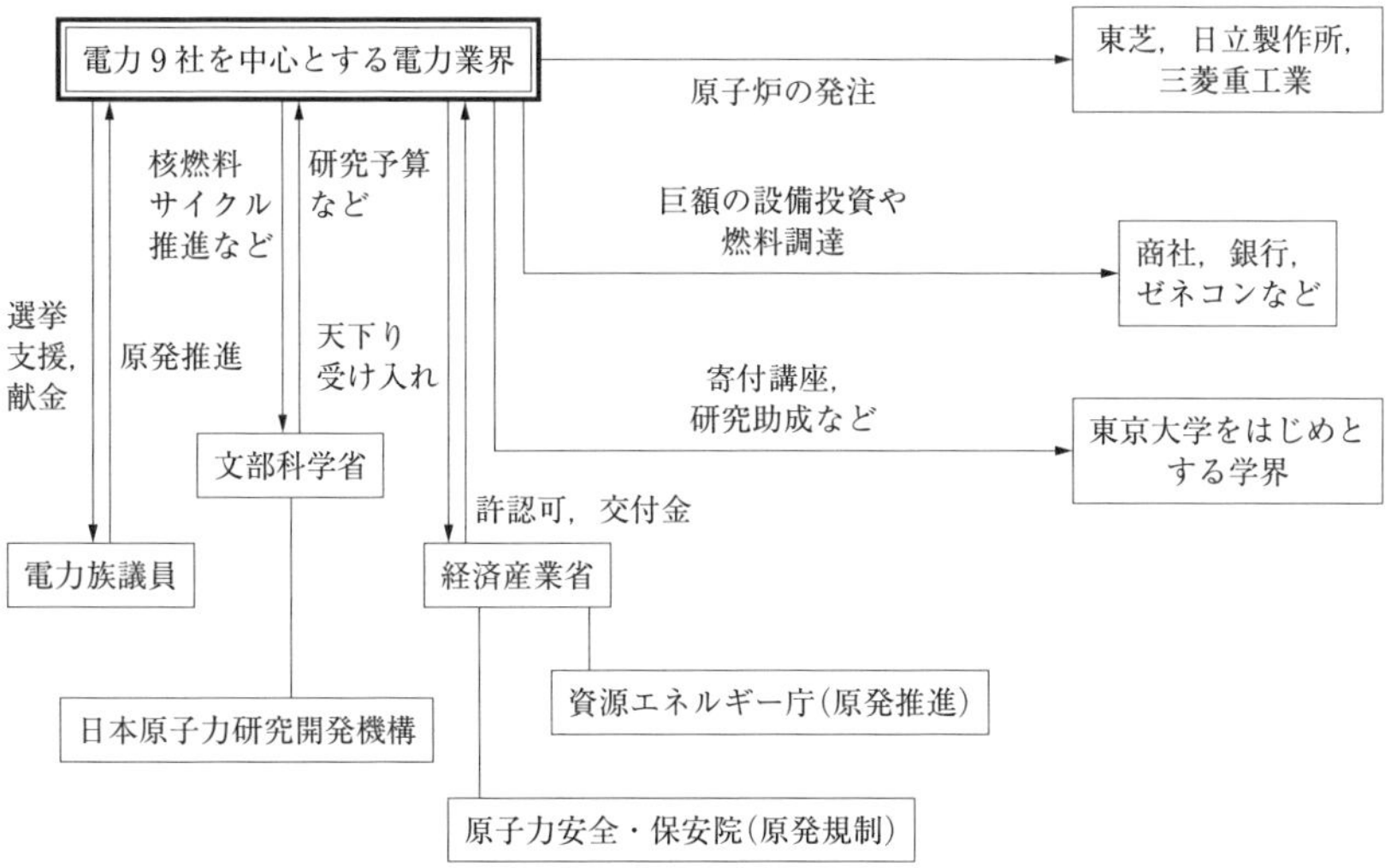

(注)　2012年9月，原子力安全・保安院は廃止され，環境省の外局として原子力規制委員会が新設されている．

出所：『朝日新聞』2011年5月25日付の図より作成

図1　日本の「原子力村」

は起きないという「安全神話」に原因があり、その意味では、事前の対策の不備という第二の点に帰着する。たとえば今回の事故では、住民への情報伝達に問題があり、放射性物質が飛散する方向に人びとが避難した結果、本来は避けられたはずの被曝をしてしまった。

　日本弁護士連合会(日弁連)は、東電、政府の過失を明らかにし、関連業界を含めた法的責任を問うことは可能だとしている(同編『原発事故・損害賠償マニュアル』日本加除出版、二〇一一年、二二～二八、三二～三四頁)。「原子力改革」を進め柏崎刈羽《かしわざきかりわ》原発の再稼働を導き出すためではあるが、東電自身も二〇一二年一〇月、対策の不備について一部認めざるをえなくなった。

加害責任に「無自覚」な東電

以上のように、東電と政府が今回の事故の責任を負っているのは明らかである。では、こうした責任をふまえて被害補償が行なわれているのかというと、そうではない。

原発事故の被害補償は、「原子力損害の賠償に関する法律」(原賠法)にしたがって進められる。これに基づいて東電は、今回の事故の損害賠償責任を負い、被害者に補償を支払っている。一見、東電は責任を果たしているようにみえる。しかし問題は、原賠法の定める責任の中身にある。

この法律は、原子力事業者(今回の場合は東電)の責任を、無過失責任としている。つまり、これによって被害者は、東電の故意や過失を立証する必要がなくなるので、補償請求が容易になる。本来、被害者にとっては、補償額が減らされるわけではなく、不利になることはないはずだ。ところが、実際にはそう単純な話でもないのである。

今回の事故で東電は、加害者としての自覚があるのか、としばしば批判を受けている。たとえば二〇一二年八月の、社内テレビ会議の限定的「公開」をめぐる顛末ひとつをとってもそうである。事故の検証に役立つ貴重な資料だが、東電は社員のプライバシーを理由に全面公開を拒否した。同様の事態は、被害補償においてもはっきりとあらわれている。後述のように東電は、補償基準を勝手に決め、それを被害者におしつけようとしてきた。東電の基準は、実際に引き起こされた被害よりも、補償の範囲をせまく設定している。被害者の反発が生まれるのも当然である。

原賠法によって、東電は故意・過失を正面から問われたことがないのだから、こうしたことも不思議ではない。無過失責任は、逆に東電の責任の「無自覚」につながっているのではないか。

2　東電「延命」と政府の責任

それだけでなく、原賠法のもとで、政府の責任も曖昧になっている。福島原発事故の被害補償で、東電は第一義的責任を負わされているようにみえるが、実際には、東電の株主、債権者は応分の負担をしていない。他方、政府も、東電の背後に隠れ、前面に立って責任を果たそうとしていない。以下では、原賠法の仕組みを説明しながら、このことを明らかにしていこう。

原賠法の仕組みと福島原発事故

原賠法は一九六一年に制定された。これは、原子力事故の被害が莫大になると予想されたため、原発を本格的に商業化する前に、あらかじめ補償制度を用意しておく必要があったからである（原賠法については、科学技術庁原子力局監修『原子力損害賠償制度』通商産業研究社、一九九一年、など参照）。

原賠法の目的は二つある。すなわち、「被害者の保護」と「原子力事業の健全な発達」である。「この法律は、原子炉の運転等により原子力損害が生じた場合における損害賠償に関する基本的制度を定め、もつて被害者の保護を図り、及び原子力事業の健全な発達に資することを目的とする」（第一条）。二つの目的の間に優劣はなく、同等の重みが与えられている。

原子力事業者は、前述のように事故被害について、無過失責任を負う（第三条）。原子力事業者の補償額に、限度額は設けられていない（無限責任）。また、責任の主体は原子力事業者に集中されており、取引関係のあるプラントメーカーなどは責任を負わない（第四条）。

原子力事業者は、こうした責任を担保するため、保険などに入っている。これを損害賠償措置と呼ぶ。損害賠償措置には、民間の責任保険、および国との間で結ばれる補償契約がある（第六、七条）。責任保険は一般的な事故をカバーし、補償契約は、責任保険で補償されない部分——すなわち、天災（地震、噴火、津波）、正常運転、および「後発損害」（事故発生から一〇年経過した後の補償請求）を対象とする。

しかし、損害賠償措置によって賄《まかな》える額にも限度がある。そこで、さらに足りない場合、国は原子力事業者に対し、必要な援助を行なう（第一六条）。

他方、「異常に巨大な天災地変又は社会的動乱」によって被害が発生した場合は、原子力事業者は免責される（第三条一項ただし書）。この場合、政府が「被災者の救助及び被害の拡大の防止のため必要な措置を講ずるようにするものとする」（第一七条）。

原賠法の仕組みを**表1**に整理した。今回の事故は、①のA～Cのうち、いずれに当てはまるだろうか。東日本大震災は、原賠法の免責事由である「異常に巨大な天災地変」（C）には該当しないというのが政府の解釈である（むしろ前述のとおり、東電には重大な過失があるという指摘がなされている）。そこで、今回の事故はBのケースに入り、損害賠償措置は補償契約となる。同措置の上限は、福島第一原発について一二〇〇億円、第二原発も含めると二四〇〇億円である。

表1　原発事故の被害補償制度

①被害の原因	A　一般的な事故	B　天災(地震，噴火，津波)，正常運転，後発損害	C　異常に巨大な天災地変，社会的動乱
②原子力事業者の責任	無過失・無限責任，責任の集中		免責
③損害賠償措置の形態	責任保険	補償契約	なし
④損害賠償措置の額	原子力施設の規模などに応じ1200億，240億，40億円		
⑤国の措置	損害賠償措置を超える損害が発生した場合，政府が必要と認めるときは，国会の議決の範囲内で原子力事業者に対し必要な援助を行なう		被災者救助，被害拡大防止のため必要な措置を講ずる

出所：原賠法，同施行令等に基づき筆者作成

東電の「延命」を図る政府

福島原発事故の被害総額は、六兆円にものぼるとされ、損害賠償措置で賄える一二〇〇億ないし二四〇〇億円程度では「焼け石に水」である。そこで、前述のとおり国の援助措置が問題となる。原賠法の発動は、一九九九年に茨城県東海村で起きたＪＣＯ臨界事故に次いで二度目だが、そのときには、親会社の住友金属鉱山がＪＣＯに対し支援を行なったため、国の援助は実施されなかった。今回が、国の援助措置の初の適用事例であるために、それをどう具体化するかが焦点になったのである。

事故を起こしたことで、東電は事実上、経営破綻の状態に陥った。今回の被害は非常に大規模であって、原発事故の収束や廃炉、補償などに要する費用が巨額にのぼるため、東電の自己資本をはるかに超えることが確実視されたのである。

自らの資力では補償しきれず、国の援助が必要だ

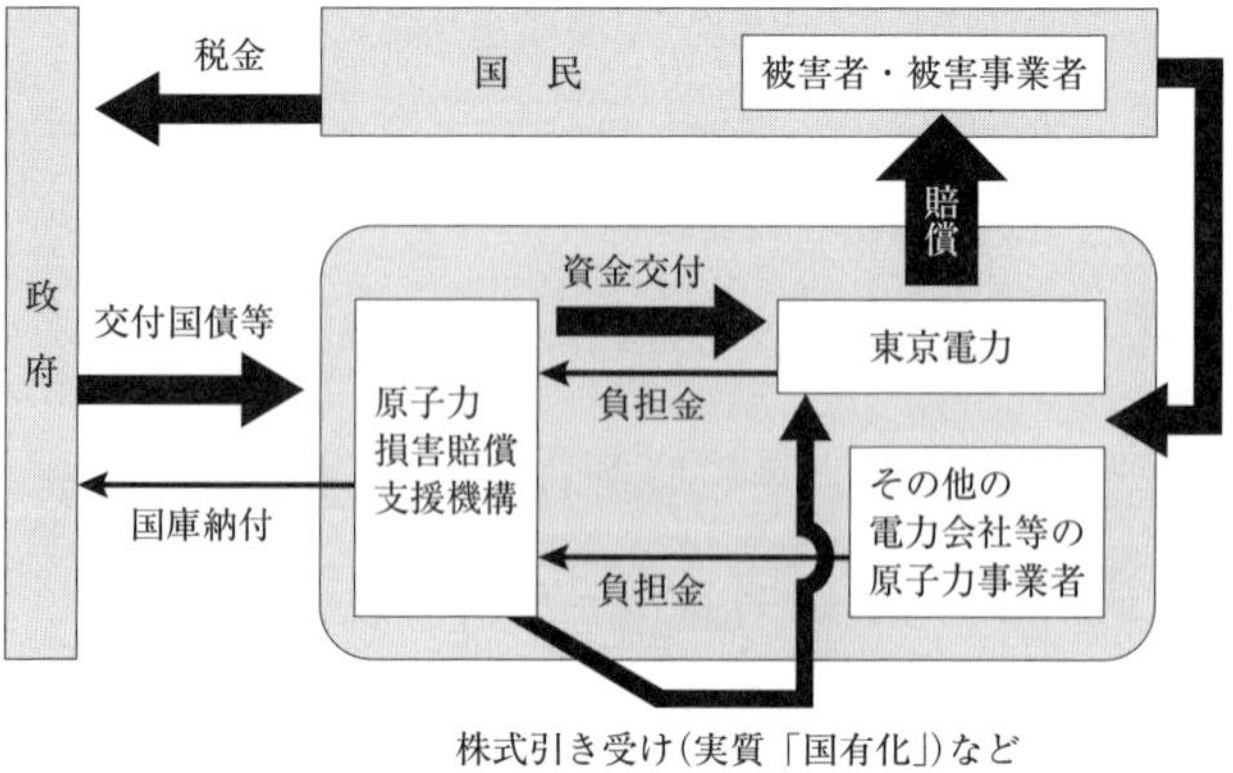

出所：大島堅一・除本理史『原発事故の被害と補償――フクシマと「人間の復興」』大月書店，2012 年，128 頁，図 4-1 を簡略化

図 2　税金や電気料金を通じた「東電救済」の仕組み

とすれば、その前提として、東電は資産を全部はき出すべきだろう。潤沢な資産をもったまま、国から資金援助を受けるのはおかしい。資産を握っているのは、大手金融機関など東電の株主、債権者だから、それらの主体が負担を甘受せねばならない。これは、企業の通常の破綻処理で行なわれることである。

しかし、この当たり前の方法とは正反対の法律がつくられ、株主と債権者は守られた。二〇一一年八月、原賠法第一六条にある国の援助措置の具体化として、「原子力損害賠償支援機構法」（以下、支援機構法と略）が成立したのである。筆者は、支援機構法案に関し、衆議院東日本大震災復興特別委員会（同年七月一三日）で参考人として意見を述べ、東電や国の責任が曖昧になっていること、そして国民に負担をしわ寄せし、加害者救済がなされようとしていることを批判した。各方面からも、同様の指摘がなされたにもかかわらず、根本的な修正のないま、支援機構法は成立した。

これにより、原子力損害賠償支援機構（以下、機構と略）が設立された。機構は東電に対し、資金の交付や貸付、株式引き受けなどのさまざまな援助をすることができる。これによって東電の資金繰りを助け、破綻を回避する。これで、大手金融機関など東電の株主、債権者は、まったくの無傷ではないにせよ、守られることになった。

たしかに東電は、かたちのうえでは補償の責任を負い、被害者への支払いを行なう。だが支援機構法により、その原資は、機構を通じて国が出すと決まった。これは、東電が電気料金から返納することになっているので、税金か電気料金かといったちがいはあれ、つまるところ国民、利用者に負担が転嫁される（**図2**）。結局、東電の破綻処理は回避され、株主と債権者は応分の負担をしていない（大島堅一・除本理史『原発事故の被害と補償――フクシマと「人間の復興」』大月書店、二〇一二年、第四章）。

以上のように、東電は一見、責任を負わされているようだが、株主、債権者は応分の負担を免れている。そして政府は、支援機構法によって「延命」された東電の背後に隠れ、資金援助をするのみで、前面に立って責任を果たそうとしていない。その一方で、原賠法の目的にある「原子力事業の健全な発達」が追求されているようにみえる。

3　補償をめぐる「線引き」

紛争審の指針とは何か

すでにみたように、原賠法は、原子力事業者の責任について規定しているが、他方、補償対象

紛争審の会合の様子(第12回，2011年7月29日，筆者撮影)

となる被害の範囲については、とくに定めていない。原賠法によれば、補償すべき被害の範囲に関する指針を決めるのは、文部科学省に設置される原子力損害賠償紛争審査会(紛争審)である。

紛争審は二〇一一年四月以降、今回の事故被害の補償について、第一次指針、第二次指針・同追補を順次策定し、同年八月五日にそれらを集成して「中間指針」を決定した。これによって、被害類型、地理的範囲、期間などに関し、どこまでが補償対象となるかの「線引き」がなされる。中間指針に記載された補償の範囲は、**表2**のとおりである。

しかし、中間指針では漏れている被害や、評価が不十分な被害も多く存在する。たとえば、中間指針は、政府や自治体の避難指示等が出された区域については、比較的幅広く補償の範囲を定めている(表2のA。政府や自治体の避難指示

表2　中間指針の概要

A　政府による避難等の指示等に係る損害	検査費用(人) 避難費用 一時立入費用 帰宅費用 生命・身体的損害 精神的損害 営業損害 就労不能等に伴う損害 検査費用(物) 財物価値の喪失・減少等
B　航行危険区域等及び飛行禁止区域の設定に係る損害	営業損害 就労不能等に伴う損害
C　政府等による農林水産物等の出荷制限指示等に係る損害	営業損害 就労不能等に伴う損害 検査費用(物)
D　その他の政府指示等に係る損害	営業損害 就労不能等に伴う損害 検査費用(物)
E　風評被害 (農林漁業・食品産業，観光業，製造業，サービス業，輸出等)	営業損害 就労不能等に伴う損害 検査費用(物)
F　間接被害(第一次被害者との経済的関係を通じて第三者に生じた被害)	営業損害 就労不能等に伴う損害
G　放射線被曝による損害	急性，晩発性の放射線障害による生命・健康被害に伴う逸失利益，治療費，薬代，精神的損害等
H　その他	地方公共団体，国の財産的損害等

出所：原子力損害賠償紛争審査会「東京電力株式会社福島第一，第二原子力発電所事故による原子力損害の範囲の判定等に関する中間指針」2011年8月5日，より作成

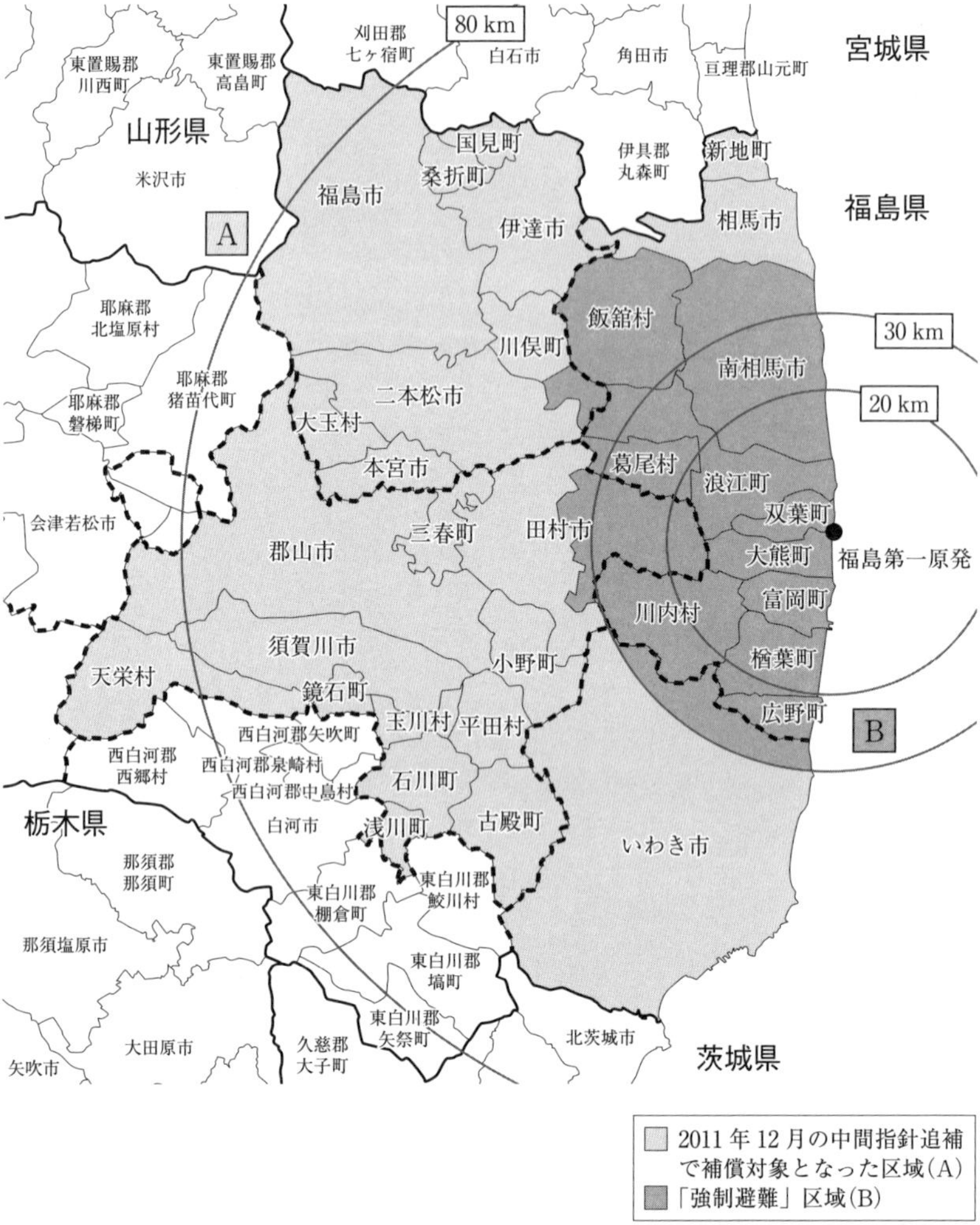

出所：東京電力株式会社「自主的避難等に係る損害に対する賠償の開始について」(プレスリリース)2012年2月28日，より作成

図3 「強制避難」区域と「自主避難」

等による避難は「強制避難」と呼ばれることがある。「強制避難」区域は**図3**の B)。これに対し、その区域の外側については、農林水産物の出荷制限や風評被害を除いて、住民への補償にはほとんど触れられていなかった(後述する「自主避難」問題)。

東電の「裁量」と補償基準

ここで注意すべきは、紛争審の指針が、裁判などをせずとも補償されることの明らかな被害を列挙したものであり、補償範囲としては最低限の目安だということである。指針に書かれていないからといって、補償されないというわけではない。

にもかかわらず、加害者たる東電は、これを補償の「天井」であるかのように扱ってきた。しかも、指針に書かれていない基準を勝手に決めて補償範囲を限定しようとしたり、指針に明示された被害の補償を先送りしようとした。これには、被害者や世論の批判が大きく、国会などでもとりあげられたため、東電は一部撤回を余儀なくされている。

なぜこうした事態が起きるのか。加害者と被害者の間に争いがある場合、通常は、司法のような第三者に裁定が委ねられる。ただ、裁判では時間や費用がかかるので、それを避け、当事者間の自主的な解決を促進するため、紛争審の指針によって、最低限補償すべき被害の範囲が示される。今回の事故では、東電が指針を受けて補償基準をつくり、被害者からの請求を受け付けている(**図4**)。

東電は二〇一一年四月以来、被害補償について相談窓口を設け、「仮払補償金」の請求を受け

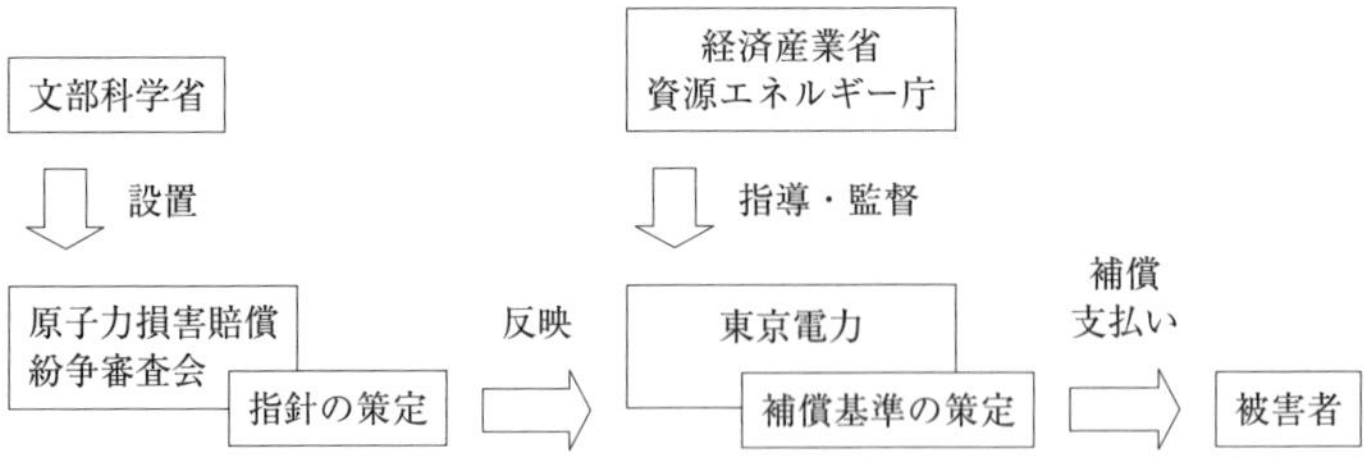

（注） 原子力損害賠償紛争解決センターや裁判所を通じた解決については，本文で後述（本図では略）．
出所：筆者作成

図 4 紛争審の指針と東電の補償基準

付けていたが、中間指針をふまえて、同年八月三〇日に独自の補償基準を示し、「本補償」の手続きをはじめた。ここで問題なのは、加害者たる東電が基準を示すだけでなく、請求内容の査定まで行なっていることである。東電の基準が紛争審の指針をふまえているとしても、補償支払いは東電の基準にしたがうことになるため、指針の具体的運用のレベルで、東電の「裁量」が入りこんでくる。加害者自身が補償基準を策定するというこの仕組みから、本章と次の第Ⅱ章で述べるように、さまざまな問題が起きている。その背景には、前述した東電の責任の「無自覚」があるだろう。

被害者の「手足」を縛る東電の請求書類

避難住民の目からみると、この問題は、本補償の請求書類にあらわれた。東電は、補償基準の公表後、約六万世帯に請求書類を送付した。だが、書類が膨大かつ煩雑《はんざつ》で、また、記入欄が東電の基準にしたがっているため、それ以外の被害について書きこむことが難しい書式となっていた。たとえば、土地・家屋など財物の補償が先送りされていたので、該当する欄がなかった。つまり、書類それ自体が、請求の範囲や額を限定するようになっていたのである。しかも、請求後に送られてくる「合意書」に、補償を受けとって以降は「一切の異議・追加の請求を申し立てることはありません」との一文があった。

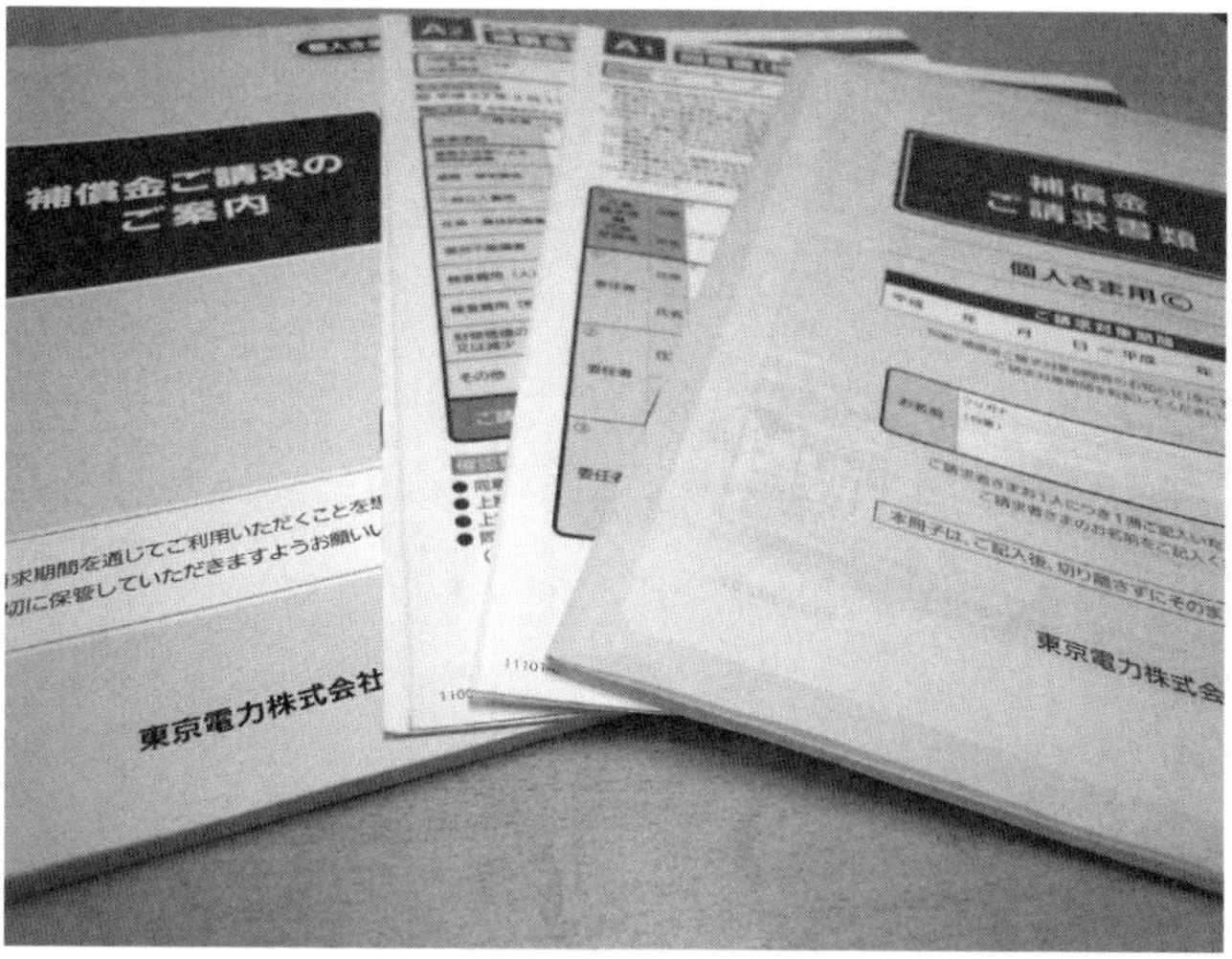

2011年9月に東電が発送した個人向けの請求書類（筆者撮影）

これらの点に、各紙社説などで批判が集中した。なかでも『毎日新聞』の社説は、次のように手厳しかった。「東京電力には、加害者であるという自覚があるのだろうか。福島第一原発事故による損害賠償手続きは、そう疑いたくなるほど煩雑で、被害者の視点を欠いている」「被害者は、自宅が警戒区域などに指定され、避難を余儀なくされた人たちだ。高齢者も多い。過不足なく記入し、関係書類をそろえるのは容易ではないだろう」（二〇一一年九月二四日付）。

批判の高まりを受け、東電は九月末になって、問題の一文を撤回するなどの改善策を示さざるをえなくなった。また、農民運動全国連合会（農民連）のように、団体交渉を通じて、独自の請求書類により補償を認めさせる例も出てきている。

そもそも、東電の請求書類とともに、補償基準の中身からして重大な問題があった。すなわち、前述のように財物の補償が先送りされるなど、中間指針で補償対象と認められている項目が除かれたり、制限されたりしていた。さらに、二〇一一年九月二一日に発表された事業者向けの基準は、観光業の「風評被害」に関し、被害に対する地震・津波の寄与割合を二割として、それだけ補償額を減額するとした。中間指針では、寄与割合の数値は明示されていない。これに対する反発は強く、同年一〇月、東電は六月以降分について減額を撤回せざるをえなくなった。

このように、被害者らの運動や世論の批判が強まったため、しだいに東電の思うようには物事が進まなくなっていった。そして、被害者らの批判の矛先は、次に述べるとおり紛争審にも向けられた。

紛争審を動かした被害者らの運動――「自主避難」をめぐって

紛争審の中間指針は、前述のように、政府や自治体の避難指示等が出されていない区域については、住民の被害をほとんど認めていない。そのため、いわゆる「自主避難」をどう扱うかが、最大の問題の一つになった。政府の避難指示等がなくとも、放射能から逃れようと「自主的」に避難をした場合、避難費用などの補償が認められるのか。中間指針は、その判断を示していなかったのである。

しかし、事故直後、放射能汚染の危機が急迫していた時期に、住民が「自主避難」をしたのは、およそ軽はずみな行動ではなく、相当な理由があると考えるべきである。では一定の期間が経過し、汚染の状況が明らかになってきた段階ではどうか。

これについて日弁連は、年間被曝量が少なくとも五・二ミリシーベルトを超える地域に住む子どもや妊産婦が避難することには、次のとおり合理的な理由があるとしている（政府による避難指示の目安は年間二〇ミリシーベルト）。まず、三カ月あたり一・三ミリシーベルト（つまり年間五・二ミリシーベルト）を超える放射線が検出される場所は、電離放射線障害防止規則により管理区域とされ、必要のある者以外は立ち入ってはならない（同規則第三条一項一号、同四項）。また、一八歳未満の者を管理区域で労働させてはならない（年少者労働基準規則第八条三五号）。そもそも、通常時の一般市民の年間被曝量が一ミリシーベルトで規制されているのだから、これを超える場合には、個別の状況に応じて避難の合理性が認められる可能性がある（前掲『原発事故・損害賠償マニュアル』一三六〜一四〇頁）。

中間指針策定の頃から、「自主避難者」たちは、自らの被害（被曝、避難費用、精神的被害など）について声をあげはじめた。そして、被害者らの働きかけが、ついに紛争審を動かすに至る。二〇一一年一〇月二〇日、紛争審は「自主避難者」らからヒアリングを行ない、同年一二月六日、この問題に関する中間指針の追補を決定したのである。

これにより、福島市など、「強制避難」区域の周辺二三市町村（すべて福島県内）の住民が、実際に避難したかどうかにかかわらず、新たに補償の対象となった（一四頁に掲げた図3のⒶの区域）。該当者は約一五〇万人に及び、補償額は一八歳以下の子どもと妊婦が一人あたり四〇万円、その

「自主避難」への補償を求める NGO メンバーら（紛争審の会場となった文部科学省の前で，2011 年 7 月 29 日，筆者撮影）

他は八万円とされた。

しかし追補は、基本的に「自主避難」の合理性を認めず、金額も「強制避難者」に比べ、きわめて低水準にとどめている。「自主避難者」からみれば、多くの場合、追補の金額では実際の避難費用に届かないだろう。他方、福島にとどまった人びとからみても、妥当な額だろうか。筆者は、追補を決定した紛争審を傍聴していたが、金額が決まったとき、他の傍聴者から「あなた方（紛争審の委員）は、八万円をもらって福島に住みたいと思いますか」という趣旨の「不規則発言」があった。これはかなり本質的な問いかけだと感じたが、残念ながら議事録には残らないので、書きとめておきたい。

以上のような問題はあるものの、被害者らの運動が紛争審の議論に「風穴」をあけたことは、非常に大きな意味をもっている。さらに、紛争審の指針が批判されたことによって、対応を迫られた東電が、指針の水準に加えて「自主的」に上乗せをする例もみられるようになってきた。

和解を遅らせる東電の消極姿勢

このように若干の変化はあるが、やはり紛争審の指針を補償上限とするのが、東電の基本姿勢である。そのため、被害が指針の範囲内に収まらない場合、きちんと補償されるかどうかは、依然として大きな問題になる。

「自主避難者」の被害のように、指針を広げさせるのも一つの方法だが、あくまで「一般的な指針」であるため、個別事情に応じた判断は、指針の守備範囲を越える。そうした場合には、被害者が各自の状況に基づいて、東電に補償請求をしなくてはならない。しかし、個々の被害者が東電と直接交渉して、個別事情を認めさせていくのは難しい。また、訴訟となると費用や時間がかかる。

そのため、二〇一一年九月、紛争審のもとに、裁判外の紛争解決機関として「原子力損害賠償紛争解決センター」（以下、センター）が開設された（**図5**）。センターが被害者の申し立てを受けると、調査官と呼ばれる弁護士が被害の内容を調査する。それをもとに、仲介委員が、被害者と東電の意見を聞いたうえで和解案を出すが、強制力はない。センターは、こうした和解の仲介手続きを通じ、当事者間の合意形成を後押しすることで紛争の解決をめざすものである。解決までに要する期間の目安は、三カ月程度とされた。

早期の解決が期待されたが、センター開設以来、二〇一二年八月末までの一年間で、三七九三件の申し立てがあったのに対し、和解成立は五二〇件にとどまる。その原因の一つは、東電の消極姿勢にある。たとえば、紛争審の指針の範囲を越えて和解案がふみこむと、東電が回答を先送りするといった対応がみられる。しかし、これではセンターを開設した意味がない。指針では解決できない部分に対処するのが、センターの目的だからである。

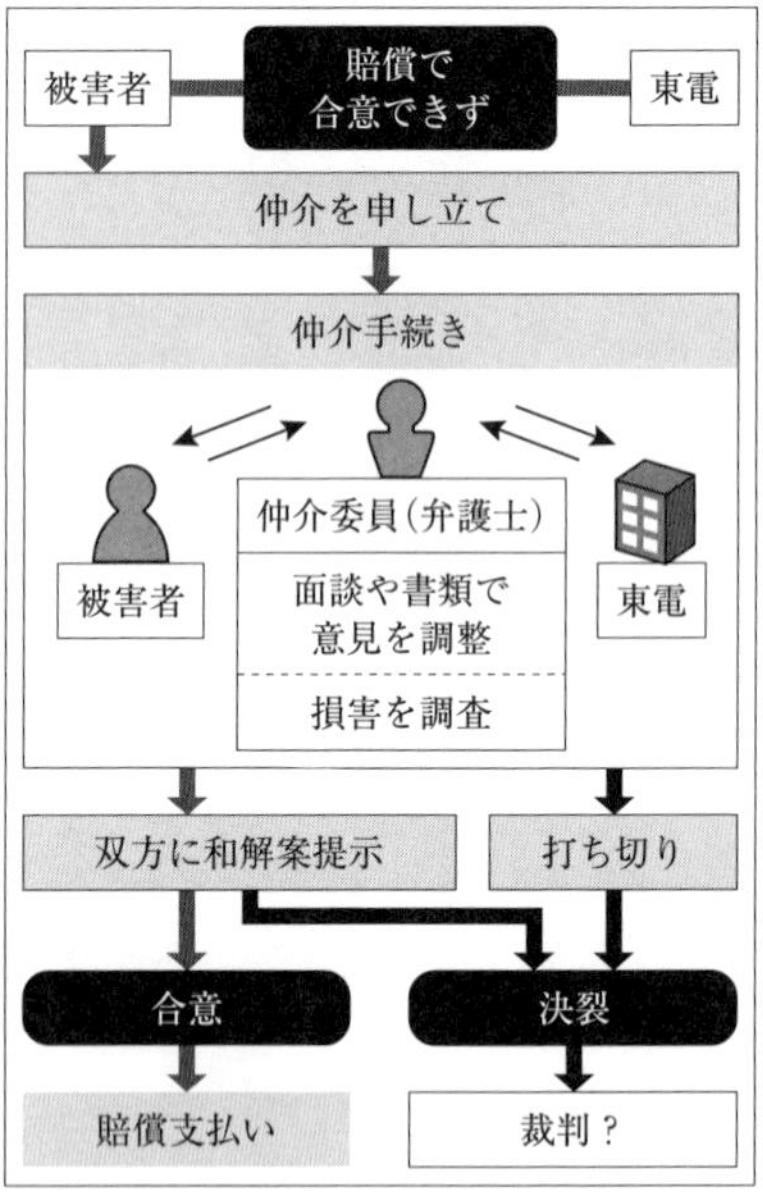

出所：『朝日新聞』2012年9月2日付の図より作成

図5　「原子力損害賠償紛争解決センター」の手続き

そこでセンターは、二〇一二年七月五日、「東京電力の対応に問題のある事例」を公表し、姿勢の転換を求めた。センターの調査官をつとめる弁護士は、次のように東電の対応を批判している。「東電は、〔東電自身の補償基準による〕被害者からの直接請求で認めていた内容をセンターの手続きでは争ったり、裁判のような事細かな立証を求めたり、その対応に疑問を感じることも少なくない。「被害者への素早く適切な賠償」という、手続きの本来の目的をもっと意識してほしい」(『朝日新聞』二〇一二年九月二日付)。

ここにも、東電の責任の「無自覚」があらわれているといえよう。それだけでなく、二〇一二年四月以降の避難区域再編にともなって、東電と政府(経済産業省)が、被害補償の打ち切りまでも提示するに至っている。

4　「事故収束」宣言のもとで――区域再編と補償の打ち切り

政府の「事故収束」宣言と避難区域の再編

二〇一二年四月から、福島原発事故による避難区域の再編が矢継ぎ早に実施されている。田村市、川内村を皮切りに、南相馬《みなみそうま》市、飯舘《いいたて》村、楢葉《ならは》町、大熊町で避難区域が見直された(一二月一〇日時点、**図6**)。

これまで、福島第一原発二〇キロメートル圏と、その北西に隣接する計画的避難区域に政府の避難指示が出されてきた(本書では、これらの区域を避難区域と呼ぶ)。それが見直され、①「避難指示解除準備区域」(年間積算線量二〇ミリシーベルト以下)、②「居住制限区域」(年間二〇ミリシーベルトを超えるおそれがあり、被曝量低減の観点から避難の継続を求める地域)、③「帰還困難区域」(五年を経過しても年間二〇ミリシーベルトを下回らないおそれのある、年間五〇ミリシーベルト超の地域)、という三区域に再編されつつある。

その結果、五つの区域が併存することになるので複雑にみえるが、基本的な方向性は明らかである。避難区域の見直しは避難指示の段階的解除を展望したものであり、要するに、避難した住民の「帰還」を促す点に主眼があるということだ。再編により三つの区域に分かれるのは、帰還までに要する時間が異なるからである。

避難指示が解除されれば、避難によって生じていた被害もなくなるはずだから、補償打ち切り

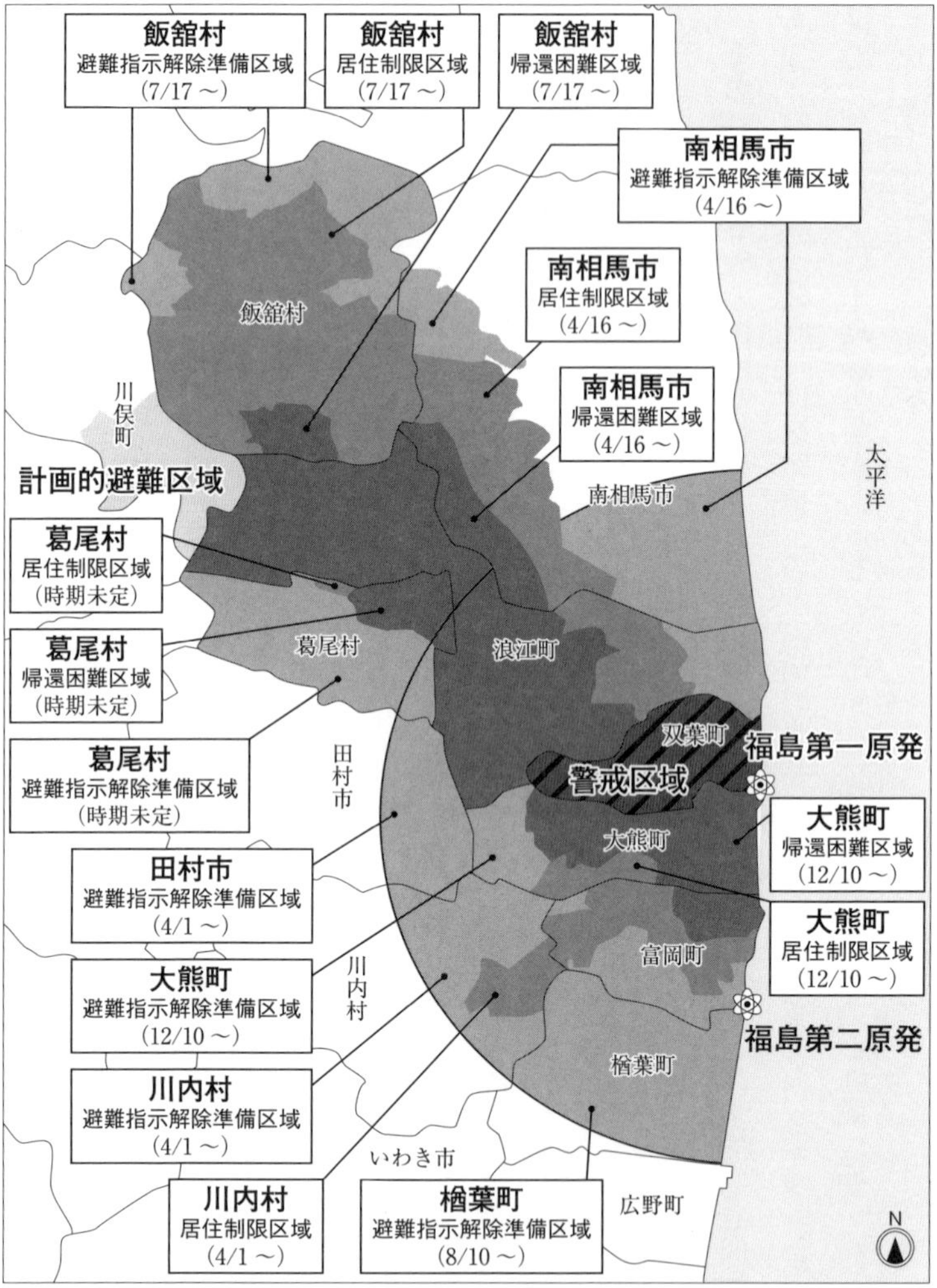

(注)　日付はすべて2012年で，記載があるものは再編実施済み．再編後の区域が示されているなかで，浪江町・葛尾村・富岡町は未実施．
出所：『福島民友』2012年12月11日付の図より作成

図6　避難区域の再編(2012年12月10日時点)

が必然的に浮上してくる。といっても、補償額を突然ゼロにするというわけではない。ある程度まとまった額をいわば「手切れ金」のように支払い、補償を終わらせていくのである。二〇一二年七月、経産省と東電がその詳細を発表した。経産省が補償の「考え方」を示し、東電がそれを受けて、より具体的な基準を公表するというかたちをとっている(経済産業省「避難指示区域の見直しに伴う賠償基準の考え方」二〇一二年七月二〇日、東京電力株式会社「避難指示区域の見直しに伴う賠償の実施について」同二四日)。

補償を打ち切ったとしても、人びとがもとの土地に戻り、生活再建が順調に進めばよい。だが、実情はそれほど単純ではなさそうだ。

区域再編と補償打ち切りはいずれも、二〇一一年一二月一六日の政府による「事故収束」宣言に端を発している。危険が去ったから帰還してよい、そうすれば避難による被害もなくなる、という三位一体の関係である。しかし、補償打ち切りの前提である「事故収束」には疑問が出されており、議論の前提が大きくゆらいでいる。この点は、次の第Ⅱ章で述べることにしよう。

加害者「主導」の補償打ち切り

前述のように、原発事故を起こしたことで、東電は事実上、経営破綻の状態にあった。にもかかわらず、支援機構法ができ公費を投入されているので、つぶれないどころか、電気料金の値上げまでしている。他方、東電がまるで加害者の自覚がないかのように補償問題を「処理」しようとする姿勢に、被害者や世論の批判が強まり、東電はしだいに譲歩を余儀なくされていったのも事実である。つまり、大事なところはしっかり防衛しながら、被害補償など「条件闘争」のレベルではある程度、譲歩するというのが、二〇一一年度段階での東電の基本姿勢といってよい。

しかし、二〇一二年度に入ると、東電の「まきかえし」がしだいに明らかになってきた。補償基準の策定プロセスを、紛争審から自分の手もとに奪いとってしまったのである。監督官庁である経産省は、被害自治体や他省庁との「調整」役を買って出て、この策定に深く関与した。同省のなかでも、本件の担当は、資源エネルギー庁の電力・ガス事業部原子力損害対応室である。電力・ガス事業部は、電力会社を所管し、もともと東電と浅からぬ関係にある。

紛争審は、二〇一一年三月に最新の指針(第二次追補)を策定して以降、同年八月まで開催されなかった。その間に、経産省と東電が、前述の「考え方」と補償基準を公表し、八月の紛争審では内容の説明まで行なった。これまでと立場が逆転している。紛争審のある委員は「なぜ経産省がこのような発表をするのか」と同省担当者に理由を問うたが、そうした疑問が出るのは当たり前である。紛争審の会長も、経産省と東電が紛争審の指針を越え、ふみこんだ基準を出したので、それらの間の関係をどう整理するかが課題になると述べた。紛争審の役割後退は明らかである。

加害者「主導」の補償打ち切りが行なわれつつある。責任を曖昧にしたまま被害補償を進めることの問題点が、ここに至って、ますます露呈してきているのである(第Ⅱ章4節も参照)。

第Ⅱ章　避難者たちの現実──原発事故が奪ったもの

1　原発避難者の現状

避難者の諸相

福島原発事故は、いうまでもなく未曽有の被害をもたらした。事故の影響は、きわめて広範かつ多様である。大量の放射性物質が飛散し、環境が汚染され、多くの人びとが被曝した。農林水産業や観光業だけでなく、ありとあらゆる産業に被害が出ている。

そのなかで主要な被害の一つは、避難によるものである。避難とは被曝を避ける行為だが、とくに自治体がまるごと避難したような地域では、社会経済的機能が麻痺するなど、甚大な被害も引き起こすことになる。

原発事故による避難は、前章でみたように、原住地(避難元)によって「強制避難」と「自主避難」に大きく分かれる。この区分は、すでに述べたとおり、被害補償について大きなちがいをもたらす。

「自主避難」をした人の多くは、汚染の影響を受けやすい子どもや妊婦と、その家族である。

「自主避難者」には、福島県だけなく、首都圏のホットスポット(局地的に汚染の激しい場所)などから避難している人たちもいることに、注意しておく必要がある(**図7**)。図から明らかなように、避難区域外では、そこに避難をしてきている人がいるのと同時に、そこから避難をしている人もおり、とくに福島県内の事情は複雑である。また、「自主避難者」のなかでも、前章で述べた中間指針追補(二〇一一年一二月)で補償対象となった人もいれば、県外の避難者のようにまったく補償されていない人もいる。

避難者数は一六万人以上?

これらの原発避難者の数は、正確にはつかめていない。復興庁によれば、福島県の避難者数は約一六万人に及ぶ(二〇一二年一二月時点)。避難先でみると、福島県内に避難している人が約一〇万人、県外に避難している人が約六万人である(**図8**)。

次に避難元でみて、「強制避難」と「自主避難」は、それぞれ、どれほどにのぼるだろうか。復興庁によると「強制避難者」は約一一万人とされるから、「自主避難者」は、差し引き五万人程度とみられる。

さらに前述のとおり、原発避難は福島県だけにとどまらない。首都圏のホットスポットなどから「自主避難」をしている人たちもおり、正確な数は不明だが、数千人から万単位にのぼるという。

類型 ＼ 避難元／先	避難区域	避難区域外の福島県	東北・関東	中部・東海・近畿西日本・九州・沖縄
①「強制避難」	━━ ━━ ━━	━→ ━━ ━━	 ━→ ━━	 ━→
②「自主避難」（福島県内）		━→ ━━ ━━	 ━→ ━━	 ━→
③「自主避難」（県外，主に首都圏）			━━	━→

出所：山下祐介氏（首都大学東京准教授）ら社会学広域避難研究会による図（『週刊金曜日』2012年7月27日号）をもとに作成

図 7　原発避難の類型

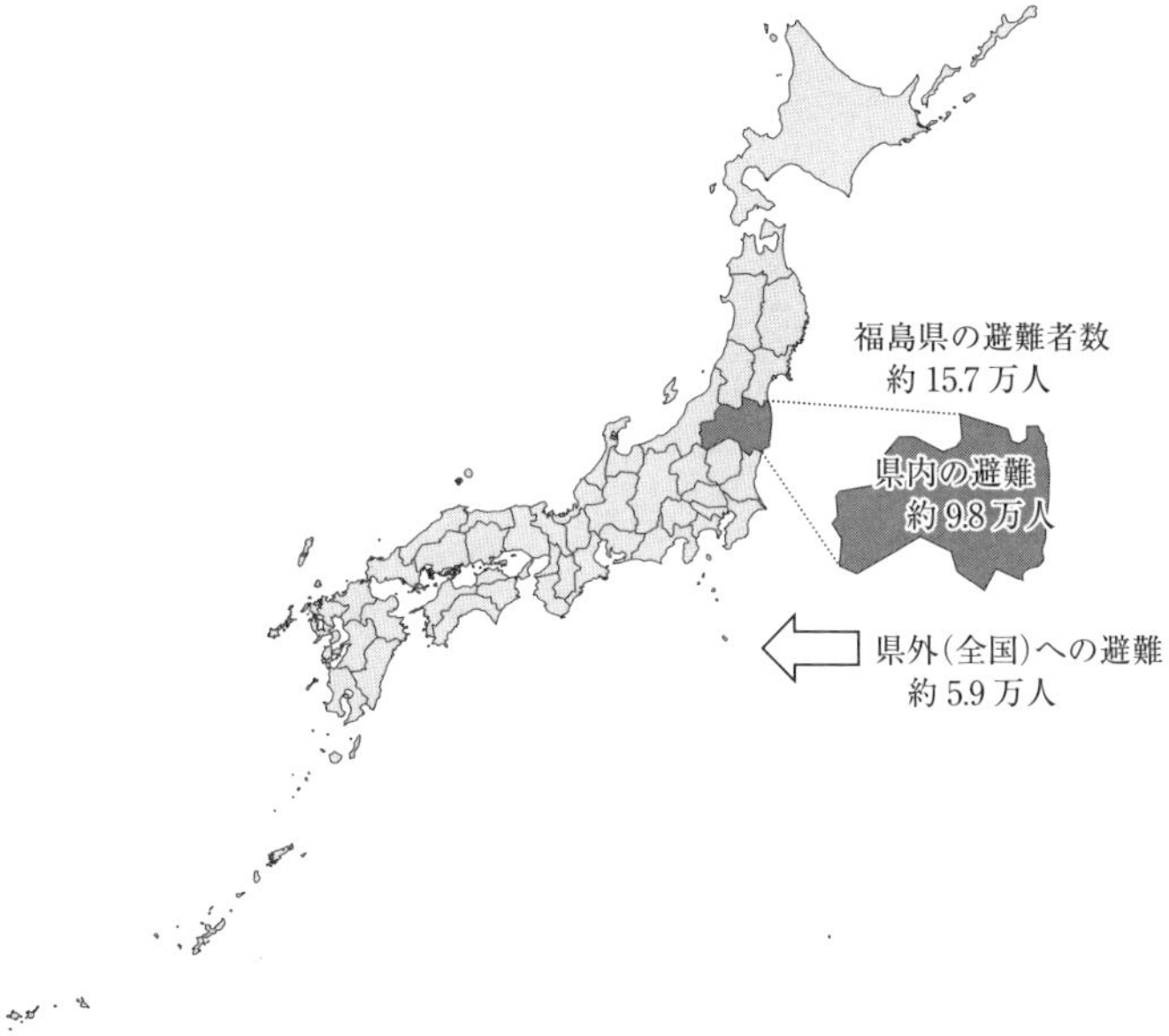

（注）　これ以外に，福島県外からの避難者も存在する．
出所：避難者数は，復興庁「復興の現状と取組」（2012年12月14日）による

図 8　福島県の避難者数（2012年12月）

2　引き裂かれた地域

突きつけられた「究極の選択」

福島原発事故の被害を語る際に、地域が「引き裂かれる」という表現がよく使われる。地域社会の混乱や亀裂といった現象を捉えてそのようにいわれることが多いようだが、その背後にある、より本質的な被害構造を考える必要がある。原発事故によって地域を構成する諸要素が分断・解体され、住民がそれらの諸要素の間で理不尽な選択を迫られているという点に、地域社会が受けた被害の核心があるのではないか。

この被害実態を明らかにすることが、補償問題を考える不可欠の前提となる。二〇一一年五月以降、筆者は共同研究者とともに、福島で調査を行なってきた。そこで実感されたのは、まず、「強制避難」区域の地域社会が受けた被害が、非常に深刻だということである。

これまでも、戦前の足尾銅山鉱毒事件で、松木村などが消滅し、谷中《やなか》村が「鉱毒溜」とされて廃村に追いこまれたというような例はあった。しかし、今回は影響が同時的で広範囲に及んでいる。いくつもの町や村が全住民と役場機能の移転を強いられ、自治体として存亡の危機に立たされている（**図9**）。

そもそも「地域」とは何か。地域経済学では、その意味は次のように理解される。すなわち、一定の範域に「自然環境、経済、文化（社会・政治）」という複数の要素が一体のものとして存在することで、人びとの生産・生活の場として機能する（中村剛治郎『地域政治経済学』有斐閣、二〇〇四年）。いわば諸要素の「束」である。放射能汚染のない環境、ある程度の収入、生活物資、医療・福祉・教育サービスなどが手の届く範囲になければ、私たちは暮らしていくことができない。しかし原発事故によって、これらの諸要素がいわばバラバラに「解体」され、避難住民は、そのうちどれを重視して移住先を定めるか、選択を迫られた。

福島の被害地では、人びとの生活圏は一つの自治体で閉じていたわけではなく、複数の自治体をまたいで、自動車で移動するような比較的広い範域を形成していた。そして、その中心に福島原発があった。原発の近くには、仕事だけでなく、スーパーや大型店、病院などがある。原発立地によって保たれていた地域の諸要素の一体性が、今回の事故で、その中枢部から崩壊したといえる。

　自治体ごと全域避難を強いられた町村は、主に福島県内の他の自治体へと役場機能を移した。そうしたいわば地域の「社会・政治」的機能にアクセスしやすくするためには、避難住民は役場移転先の近傍に居住すべきだろ

（注）　2012 年 1 月，楢葉町は災害対策本部の機能をいわき市に移転．また同年 3 月，広野町と川内村が，もとの場所で役場業務を再開している．
出所：丹波史紀「福島第一原子力発電所事故と避難者の実態――双葉郡八町村調査を通して」『環境と公害』第 41 巻第 4 号，2012 年，40 頁，図-1

図 9　原発事故による役場機能の移転

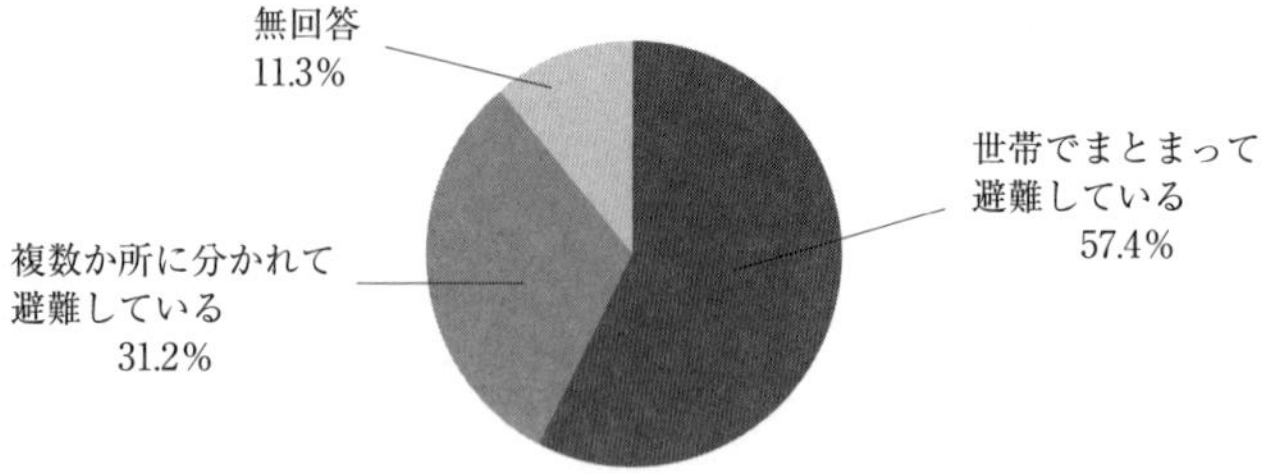

（注） 全 5378 世帯の世帯主を対象とし，回収数は 3424（63.7%）.
出所：復興庁・福島県・大熊町「大熊町住民意向調査　調査結果（速報版）」2012 年 11 月 6 日，より作成

図 10　世帯の避難状況（福島県大熊町）

う。しかし、役場の移転先でも、放射線量が事故前と比べて高いとすれば、とくに妊婦や小さな子どもを抱える世帯からみると、より安全な「環境」を求めて、さらに遠くへ移住する必要に迫られるかもしれない。あるいはまた、「経済」の観点、たとえば雇用機会という点で最善の居住地域は、これらとは別のところにあるかもしれない（事故直後、避難所にひとまず身を寄せたような場合は選択の余地はほとんどないが、避難が長期化し事故から半年ほどを経て、人びとが避難所から仮設住宅などへ移行する段階以降は、こうした選択が問題となる）。

原発事故は、住民たちに、本来ありえなかった「究極の選択」を強いている。家族という単位でみると、複数の成員の間で選択にくいちがいが起きる可能性がある。そのため、家族が離れればなれになる「家族離散」がめずらしくない。第一原発の立地する大熊町の全世帯主を対象に、復興庁などが二○一二年九月に行なったアンケート調査によれば、約三割が「複数か所に分かれて避難している」と回答している（**図10**）。さらに地域社会の単位でみると、個々の家族や住民の間で選択が異なれば、住民の離散をもたらし、地域の崩壊が加速されかねない。

しかも、帰還の見通しが立たない状況のもとで、「ふるさとを捨てる」ことを決意する人が増

えている。ある避難者は、先行きのみえない不安・苦痛を「ゴールのないマラソン」にたとえた。将来がはっきりしないのであれば、残された確実な選択肢は、ふるさとをあきらめ、別の土地で生活を再建することである。先行きの不透明さが、地域の崩壊をさらに深刻化させている。

これに対して「強制避難」区域の外側では、全住民が避難した場合とちがって、地域経済が一気に失われたわけではないし、自治体行政などの機能もそのままである。たとえ放射能汚染が及んだとしても、そうした地域では、事故後ほどなく、従前どおりの「日常」が再開していった。

しかし、だからこそ増幅される被害もある。避難指示が出ていなければ、いま住む土地に仕事がある人は、容易にそこを離れようとしない。そのため、夫を地元に残して、いわゆる「母子避難」となるケースがきわめて多い。「経済」と「環境」との間で、家族が引き裂かれてしまうのである。

福島に「とどまる」覚悟

もちろん、避難した人だけが「究極の選択」をしたのではない。福島にとどまった人も、「低線量」とはいえ実際に被曝しており、また、さまざまな精神的苦痛を受けている。福島市や郡山市を含む中通り地方には、年間の被曝量が、通常時の基準である一ミリシーベルトを超えるところもある。郡山市の小中学校では、除染してもなお、政府による避難指示の目安となる年間二〇ミリシーベルトを超えるホットスポットが、多数存在することも明らかになっている（『週刊金曜日』二〇一二年一〇月一二日号）。そうしたなかで、諸事情により福島にとどまることも、決断を要する選択になっている。

たとえば、代々受け継いだ土地を守る農民は、簡単にそれを放棄して避難するわけにはいかない。福島にとどまった農民たちは、ばらまかれた放射性物質が農作物に移行しないよう研究を重ね、農業を再建していく決意を固めている。

そもそも筆者が「究極の選択」と述べたのは、福島市に住む子育て世代の女性が書いた次の文章から借りたものである。

今、福島市で子育てする人びとには「究極の選択」が突きつけられている。「将来の健康不安を抱えながら福島市で暮らす」のか、「生活の見通しはつかないけれど、福島市を出る」のか。でも、私たちは、それ以外の選択をしたい。「避難生活」も「福島市に住み続けること」も、どちらも安心・安全で自由に選択できる世の中にしたい。

(福島県九条の会編『福島は訴える――「くらし」「子育て」「なりわい」を原発に破壊された私たちの願いと闘い』かもがわ出版、二〇一一年、四七頁)

この女性は、福島市のなかでも放射線量の高い渡利《わたり》地区に住み、そこにとどまるという選択をした。原発事故がなければ、ただ自分の家に住みつづけているだけなのだが、そのことに大変な覚悟が求められるようになってしまったのである。

被曝の健康影響を懸念する人たちはもちろん少なくないが、表だって口にするのは相対的に少数者であり、周囲から孤立してしまう。しかも、いわき市に住む弁護士の菅波香織《すがなみかおり》氏が述べているように、「被曝を最小限にしようと生活することが、タブーになってきた」といわれるような雰囲気が福島にはあるという。行政からは、「放射能より、それを心配するストレスのほうが身体に悪い」という強力なメッセージが発せられている。そのようななかで、汚染、被害、避難について語ることが困難な状況さえつくられている。これらをめぐって、住民の間に本来なかったはずの対立が生まれているのである（河﨑健一郎ほか『避難する権利、それぞれの選択――被曝の時代を生きる』岩波ブックレット、二〇一二年、第三章）。

3　避難の長期化と精神的苦痛

時間の経過とともに積み重なる精神的苦痛

避難の開始から、早くも二年目に入ろうとしている。避難者たちにとって、まず、避難生活そのものが精神的苦痛をもたらした。健康を害し、亡くなった人もいる。復興庁の調査をみても、岩手・宮城・福島三県の震災関連死のうち、福島では「避難所生活などでの肉体・精神的疲労」「避難所などへの移動中の肉体・精神的疲労」を原因とするものがそれぞれ五九％、五二％にのぼり（複数回答）、他の二県に比べて高率である。原発避難とそれに続く避難所生活が、高齢者などにとって大きな負担だったことが分かる（震災関連死に関する検討会「東日本大震災における震災関連死に関する報告」二〇一二年八月二一日。以下、本節と次の4節で避難者という場合、主に「強制避難者」、とくに避難区域の人びとを指す)。

避難者のなかには、事故直後に事情も分からぬまま避難させられ、すぐ戻れるだろうと思っていた人も少なくない。しかし、避難が長引くにつれて「いつ戻れるのか」という不安が生まれてくる。誰しも、避難生活という不安定な状態をいつまでも続けるわけにはいかないので、もとの土地に戻れるのか、早めに知りたいと願うのは当然である。他方、先行きが不透明ななかで悩みつづけることもできず、ふるさとへの思いを自ら断ち切ろうとする人も出てくる。

帰還の見通しが立たないことは、避難者の生活設計を難しくする。定職につくことは避難先への定着を意味するので、躊躇《ちゅうちょ》する人もいる。そのため所得が回復しない、というように、先行きへの不安は、経済的被害など他の諸被害とも関連している。

また、自宅周辺の放射線量が明らかになるなど、深刻な汚染状況がしだいに知られるようになり、さらに、一時帰宅の際に荒れはてた自宅を目のあたりにするなかで、避難者たちは「もう戻れない」という思いを強めていった。事故後、半年を過ぎたあたりから、緊急的避難(遠からず帰還)から「移住」へと、意識の変化が起きたのである。

「ふるさとの喪失」とは何か

それにともない、「ふるさとを失った」という喪失感が大きくなっている。これは単に主観的な被害ではなく、農作業など、もとの土地に密着した数々の営みが実際に失われている。ふるさとは「かけがえのない」ものであり、避難先で代替物を見いだしえない。そして、長期の避難は

「かけがえのない」ものを失うことにほぼ等しいから、前述のように避難をめぐる意思決定は「究極の選択」とならざるをえない。「ふるさとの喪失」は、多くの避難者に共通するもっとも基本的な被害であろう。

空になった牛舎(本文で述べた飯舘村の男性のご自宅で，2011 年 8 月 11 日，筆者撮影)

筆者は、「強制避難」区域の人たちに対して継続的に聞き取り調査を行なっているが、そのなかで、全村避難を余儀なくされている飯舘村に生まれ育った八〇歳の男性から、次のようなお話をうかがったことがある(二〇一一年八月一一日)。

「一生懸命、村をよくしよう、楽しい村にしよう、とみんなで本当にがんばってきた。「日本一美しい村」を合言葉に、ようやくそれに近い線にきた。飯舘牛も牛乳も、世間に広がってきたところだった。環境づくりも、みんなでこうしよう、ああしようとがんばってきたんだよ。それなのにこうなるなんて、あきらめきれない」「飯舘牛はブランド品になった。飯舘の牛乳も濃度がうんと強い。こういうのは、ちょっとやそっとで、できるものではない。長い努力の成果でそうなってくる。（それが今度の事故でひっくりかえされたのは）くやしい」

男性は、生家のある村内の他地区から事故前の住所へ一九五二年に移り住み、農地を開拓し、地域づくりにも取り組んできた。その成果が失われつつあるというのである。男性の言葉には「ふるさとの喪失」に対する危機感があらわれている。

また共同研究者とともに、飯舘村と同じく全町避難となった浪江町の避難者から聞き取りをした際にも、次のとおり、もとの土地に密着した営みを失ったという声が多く聞かれた（二〇一一年九～一〇月）。

野菜づくりや花の世話、植木が好きだった。でかけないで手入れしていた。もとの家には二〇～三〇年は戻れないとあきらめている。

（六〇歳代、女性）

農業でやっていた花は、なんていうかな、生きがいだった。あの人は（直売所に）何を出すから私はこれ、とかみんなで競争してた。お金だけが目的じゃない。みんなで旅行して。楽しかった。毎日が楽しかった。それを奪われたことが苦痛。仕事をする自由、生きがいを奪われた。

（六〇歳代、女性）

自分は海釣り、山に入って渓流釣り、狩猟、山菜とりをするのが趣味だった。山は庭だった。自分の趣味がなくなった。

（六〇歳代、男性）

以上のように、避難が長引くにつれて、①避難生活そのものによる精神的苦痛、②先行きの不透明さによる不安、そして③「ふるさとを失った」という喪失感が積み重なり、避難者にきわめて甚大な精神的被害を与えている（**図11**）。さらに、それが経済的被害など、他の諸被害とも連動しているのである。

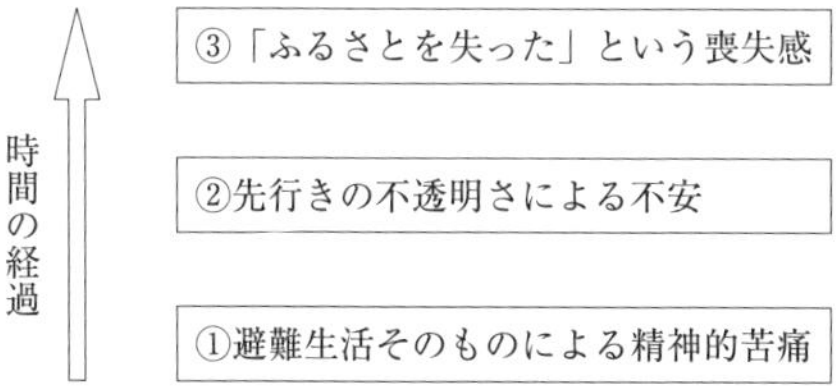

出所：筆者作成

図11　避難者たちの精神的苦痛

しかも政府の方針が、避難者の精神的苦痛を増幅している面がある。二〇一一年一二月、政府は「事故収束」を宣言し、かなり強引に住民の「帰還」をおしすすめている。しかし「事故収束」というのは、福島県民の実感から大きくかけ離れており、国会事故調（国会 東京電力福島原子力発電所事故調査委員会）も、次の4節で述べるとおり「収束」していないと指摘している。現場の実態と乖離《かいり》した「事故収束」「帰還」の政府方針は、むしろ住民の困惑を増大させ、精神的苦痛を強めることになるのではないか。

4　生活再建と補償のギャップ

避難者の帰還を促す「アメとムチ」

前章で述べたように、政府の「事故収束」宣言は、避難区域の見直し、補償の打ち切りと連動している。区域再編は、避難者に帰還を促すための措置であり、帰還すれば避難にともなう被害はなくなるから、補償打ち切りが浮上してくる。

しかし、それだけではない。すなわち「アメとムチ」というか、補償を打ち切るとともに、それに替えて、雇用などのかたちで帰還を促すインセンティブを与えていく――経産省が事務局をつとめる「原子力損害賠償円滑化会議」の議論をみると、同省サイドの発言に、そのような姿勢がはっきりと読みとれる（同会議は、「事故収束」宣言の直後、迅速・円滑な被害者救済のため情報を共有し、課題の解決策の検討を行なうために設けられた。経産省、文科省、東電の幹部などが出席する）。

つまり、補償打ち切りは、意図的な兵糧攻めではないにせよ、少なくとも「復興」のための必要条件と考えられている。補償打ち切り後の、避難者の生活再建に向けた政策的対応は、復興施策全般のなかに「解消」されていくことになる。

経産省は、「避難指示区域の見直しに伴う賠償基準の考え方」（第I章4節参照）のなかで、帰還者と移住者に対する補償の条件を同一にし、帰還か移住かをめぐる避難者の判断に、影響を与えないよう努めたと述べている。おおむねそういっても差し支えないが、他方で補償打ち切りの方向性は明確に示されており、肝心な点はむしろそこにあるだろう。

生活基盤「再取得」の保障を

補償打ち切りの中身の検討に進もう。二〇一二年七月二四日の補償基準のなかで、東電は、財物に対する補償方法と「包括請求方式」を示している。前述の「手切れ金」とは、これである。

土地・家屋など、財物の補償は、そもそもある程度高額になるし、その他の慰謝料などについても、将来にわたり数年分を一括請求できるようにして、被害者がまとまった補償額を受けとるよう「工夫」されている(「包括請求方式」)。このうち財物の補償は、それまで東電が先送りしてきたものであり、事故から一年四カ月以上たって、やっと基準を示したのである。

東電の基準によれば、土地・家屋について、帰還困難区域では「事故前の価値」の全額を補償する。他方、居住制限区域と避難指示解除準備区域では、事故時点から六年で全損とし、早く帰還できた場合は、それに応じて補償を減額する。

家屋については、もう一つ減額措置がある。「事故前の価値」の算定のなかで、住宅の「経年減価」が考慮されるのである。築四八年以上の家屋については、新築価格の二割しか補償されない。原発事故の被害地域には、そうした古い家屋が多いため、自治体から反発が出ている。

「残存価値」を補償するのは当たり前に思えるかもしれないが、これら二重の減額措置が適用されると、補償額が減り、新たに住居を取得するのが困難になる人も少なからず出てくる。日弁連は、二重の減額措置を批判し、避難者が生活基盤を再取得できるよう、補償の仕方を改めるべきだと提言している（二〇一二年八月一〇日付の会長声明）。

土地・家屋の補償問題について、地元紙に避難者の投書が載っていた。避難者の目からみた問題点が指摘されているので、少し長いが紹介しておく。

原発事故に伴う財物賠償の住民説明会に参加しました。そこには東京電力や政府担当者が来ていて、賠償の基本方針や複雑な基準の説明がありました。私は事前に役場から固定資産税評価額を取り寄せ、賠償基準の計算式に入れてみて驚きました。借り上げ住宅を出て生活を再建できる額にははるかに及びません。

住民説明会でこの賠償基準の不備、矛盾が被害住民より指摘されましたが、政府担当者は「賠償以外の政策でも被害住民を支援します」と言います。具体的にどんな支援をするのかの質問には「検討中」とのこと。事故から一年半も経過し、被害住民を集めておいての説明会で「検討中」です。これでは「賠償以外の政策でも被害住民を支援」という言葉が賠償基準の不備、矛盾をごまかすための言い訳にしか聞こえません。政府は空手形をちらつかせ、不備、矛盾だらけの賠償基準を住民に押し付けたいのだと感じました。

（『福島民友』二〇一二年九月一九日付）

なお、日弁連の提言どおり、住居の「再取得」を保障するといっても、あくまで居住スペースの確保であり、原状回復からは程遠いことに注意しなくてはならない。別の土地に住居を再取得したとしても、後述のように、避難者たちがふるさとを奪われたことには何ら変わりがない。

さらに、比較的新しい家屋の場合でも、ローンが残っているかもしれない。避難者ごとの事情によるが、財物の補償より、精神的苦痛への慰謝料など他の補償が多くなることもあろう。そこで次に、慰謝料の妥当性について検討したい。

「ふるさとの喪失」による精神的苦痛

東電への「包括請求」は、精神的苦痛への慰謝料、営業損害、および就労不能にともなう損害に適用される。後二者は、避難者の職業などにより該当しない場合もあるので、ここでは共通する慰謝料についてとりあげよう。

避難区域の慰謝料は、一人月額一〇万円である。「包括請求方式」によると、避難指示解除準備区域で一年分(一二〇万円)、居住制限区域で二年分(二四〇万円)、帰還困難区域で五年分(六〇〇万円)を、避難者はまとめて請求できる。

六〇〇万円などというと、それなりの額のように聞こえるかもしれないが、これは五年分を合計しているからであり、あくまで月額一〇万円であることに変わりない。東電のいう「包括請求」とは、「塵も積もれば山となる」式のもので、その「山」をよくみれば、実はこれまでと同じ一〇万円が積み重なっているにすぎない。

月額一〇万円というのは一人あたりの額なので、たしかに家族の人数がある程度いれば、全体としてまとまった収入になることは事実である。とはいえ、一人暮らしのような場合は、生活費として、決して十分ではない。

筆者は二〇一二年八月、共同研究者とともに、会津若松市で大熊町からの避難者に聞き取り調査を行なった。そのなかで、六〇歳代の単身の女性から話を聞く機会があった。彼女は自営業者だったため、慰謝料に加え、若干の営業損害の補償を受けている。だが、車のローンや生命保険で毎月五万円以上の出費になるなど、生活費を切り詰めざるをえず、家計は逼迫《ひっぱく》していると訴えていた。そして生命保険については、原発事故で被曝したことを考え、掛け金をあげたのだ、と話してくれた。

しかしそもそも、月額一〇万円とは、避難者の受けた精神的苦痛のうち、ごく一部に対する補償にすぎない。この金額を決めたのは、前章で述べた紛争審である。その議事録をみると、この金額は、主に避難生活の不自由さや、将来の見通しが立たない不安を念頭においたものだと分かる。

しかし避難者たちは、ふるさとを追われ、土地に密着した営みをまるごと失ったのである。「ふるさとの喪失」による精神的苦痛は、紛争審の認める精神的損害とは、まったく次元が異なっている。日弁連も、慰謝料額について「不当に低額に算定している」と批判している（前掲の会長声明）。

避難者の目からみた「復興」

政府と東電は、きわめて不十分な「手切れ金」で被害補償を終わらせようとしている。しかも、補償打ち切り後、避難者の生活再建の課題が託される「復興」施策は、どこまで期待できるか未知数である。

原発事故以来、第一原発二〇キロメートル圏は警戒区域とされ、立ち入りが制限されてきたが、二〇一二年四月以降、避難区域の再編が行なわれた自治体では、警戒区域の解除も同時に実施されている。これにより、検問が廃止され、帰還困難区域を除いて、一時帰宅や通過交通が自由になる。

筆者は、二〇一二年七月半ば、四月に警戒区域が解かれたばかりの南相馬市小高《おだか》区を訪れた。その風景は、まるで震災発生直後のようであった。津波におそわれた沿岸部を行くと、冠水した農地が広がり、そのなかにトラクターなどがいくつも横倒しになっている。がれきの山があちこちにあるのは、遺体捜索のためにひとまず片づけられたものが、そのままになっているのだという。市街地では、倒壊したままの建物がいたるところにみられた。

南相馬市に向かう途中、飯舘村で荒れはてた農地をみたときには、一年四カ月という時間の経過を強く感じたが、小高区で震災の爪痕を目のあたりにすると、よくいわれるとおり、あたかも「時間がとまっている」かのような感覚をおぼえる。

旧警戒区域では、震災後、一年以上の時が失われてしまったので、「復興」といっても即座には進まない。もちろん、時がすぎれば解決していくこともあろう。しかし、農地や山林の除染、雇用の確保などが困難なことは、容易に想像される。原発に近く全域避難となった町村の住民は、「復興」のゆくえを占うものとして、いち早く帰還をはじめた自治体の動向を注視している。

南相馬市小高区の津波におそわれた地区(2012 年 7 月 14 日，筆者撮影)

そのモデルケースが川内村である。同村は、大半が第一原発から二〇キロメートル以遠の、旧緊急時避難準備区域(二〇一一年九月解除)である。北東部の二〇キロメートル圏は、二〇一二年四月から避難指示解除準備区域と居住制限区域に再編された。放射線量は比較的低いとされ、同年三月、地元で役場業務が再開されている。

二〇一二年一〇月時点で、帰村者は一〇〇〇人を超えた。しかしその数には、避難先と自宅の二重生活をする人びとも含まれている。避難先を引き払った「完全帰村者」は、約四〇〇人にとどまる。

もともと川内村にはスーパーや大型店がなく、村民は原発の近くまで買い物にいくのが普通だった。しかし、事故後はそれができなくなった。生活上の「利便性」は、避難者の多い郡山市のほうが、むしろまさっている。村では除染も進められているが、とくに裏山を抱えた家などについて、除染の効果を疑問視する村民は少なくない。

除染の作業現場(旧緊急時避難準備区域)

汚染土壌などを保管する仮置き場(造成中，旧警戒区域)
(いずれも川内村，2012 年 9 月 1 日，筆者撮影)

避難区域では、再編によって近い将来帰宅が可能とされる避難指示解除準備区域ですら、年間積算線量の上限は二〇ミリシーベルトとされる。これは通常時の基準の二〇倍に相当するため、とくに地域の将来を担う若い世代、子育て世代の間で、帰還へのためらいが生まれても不思議はない。

避難者の帰還の判断にとって、雇用の確保は重要である。だが、その量だけでなく質にも注意しなければならない。政府は、避難区域などのインフラ復旧と除染により、数千人の雇用が生まれると試算している。川内村でも、「村の経済を支えるのは、主に除染作業員や調査員」である（『日本経済新聞』二〇一二年八月一〇日付）。

しかし、除染作業への従事には、抵抗を感じる住民も少なくない。避難区域の自治体に勤める五〇歳代の男性は、農家の長男なので、自分の代で農地に「付加価値」をつけ、それをさらに子どもに引き継いでやりたかったという。補償金をもらって、代わりに除染作業を用意されても、まったく納得できないと話していた。仕事は単なる収入源ではなく、人びとの「いきがい」や「夢」と深くかかわっているのである。そもそも、なぜ被害者が事故の後始末をしなくてはならないのか。反発が生まれるのも当然だろう。

飯舘村の行政区長、長谷川健一氏は、著書のなかで、村で行なわれる除染の効果に疑問を呈し、また、除染作業による村民の被曝に懸念を表明している。除染で放射線量が多少さがったとしても、村に戻るのは高齢者ばかりではないか。彼の思い描く最悪のシナリオは「飯舘村の終焉」である（長谷川健一『原発に「ふるさと」を奪われて――福島県飯舘村・酪農家の叫び』宝島社、二〇一二年)。

政府は二〇一二年八月、汚染土などを保管する「中間貯蔵施設」の候補地として、双葉町、大熊町、楢葉町の一二カ所を具体的に示した(地元の要望を受け、一二月に三カ所は撤回)。除染を進めるためだが、これら候補地周辺の住民からは、施設ができれば戻れないという声もあがっている。

いずれにせよ、避難者たちが地元に戻り、どのように生活を「再建」していくか、具体的にイメージするのが困難だということは否定できない。「復興」施策があまり魅力的に映らない、ということもあろう。そのようなかで、補償の打ち切りだけを先行させても、避難者の帰還を促すことにはならない。

原発事故は「収束」していない

前述のように、避難区域の再編と補償打ち切りの前提は、「事故収束」である。しかし、筆者が避難者の方々にお会いするたび、必ずといっていいほど聞くのは、事故が収束していないという話である。

たとえば、富岡町から避難した男性は、自分たちは放射能が飛散したからというだけでなく、事故が収束しておらず危険だから避難しているのだ、と話していた。大熊町の男性も、第一原発で働く知人から、収束していない実状を聞いているという。また、南相馬市の旧警戒区域に自宅がある男性は、二〇一一年三月の原発の爆発ははじまりであって、問題はむしろ、これからもっと起こってくるのではないか、と危惧を述べた(二〇一二年六~八月の聞き取りによる)。

福島の人びとだけでなく、先述の国会事故調も『調査報告書』(二〇一二年七月公表)のなかで、次のように強調している。「依然として事故は収束しておらず被害も継続している。/破損した原子炉の現状は詳しくは判明しておらず、今後の地震、台風などの自然災害に果たして耐えられるのか分からない。今後の環境汚染をどこまで防止できるのかも明確ではない。廃炉までの道のりも長く予測できない。一方、被害を受けた住民の生活基盤の回復は進まず、健康被害への不安も解消されていない」(本編、一〇頁)。

このような認識を、幅広い国民がどこまで実感として共有していけるかが課題である。政府がいうように「ただちに」深刻な健康被害が出ていないとすれば、避難区域に住んでいた人たちにとって、被害の核心は「避難」の事実そのものにある。進行中の区域再編と避難指示解除は、避難者から「被害者性」を剝奪《はくだつ》するものである。

しかし、事故が収束していないのなら、人びとが避難を続ける権利もまた、認められなくてはならない。多くの福島県民が、事故は収束していないと感じているのに、区域再編と帰還をおしすすめても、はたしてうまくいくだろうか。

帰還をあきらめるべきだというのではない。「ふるさと」を取り戻すことは、避難者共通の願いであろう。しかし、それには一定の期間を要する。少なくとも当面、地域ごとの汚染状況や、避難者ごとの事情などによって、人びとの生活再建は多様な姿をとらざるをえない。帰還と原住地での再建という形態は、そのなかの一つである。多様な生活再建をサポートしていく施策や措置が求められるのだが、いま進められている補償打ち切りは、それと逆行してはいないか。

第Ⅲ章　あるべき補償のかたちとは

1　公害問題の教訓に学ぶ

これまでの章で、加害責任が曖昧にされていることから、さまざまな問題が起きていることを明らかにしてきた。筆者はこれまで、戦後日本の公害被害補償を研究してきたが、その目からみると、今回の事故でも、似たようなことがくりかえされているという感想をもつ。以下に、公害問題との三つの相似点を示そう。

被害者の分断

第一は、被害者の分断である。第Ⅰ章3節で述べたように、紛争審の中間指針は、国・自治体から避難指示等の出た「強制避難者」に対しては、補償の範囲を比較的広く定めた。他方、避難指示等の出ていない区域については、農林水産物の出荷制限や風評被害を除き、住民への補償にはほとんどふれていない。つまり、行政による避難指示等の有無によって、補償に大きな格差が設けられ、「自主避難」問題が生み出されたのである。

これは、一九五〇年代に表面化した水俣病などの公害問題でみられる「未認定」問題と、よく似ている。水俣病事件では、一九七〇年代後半、行政が患者の認定基準を狭めることで補償対象を絞りこんできた。そこから外れた多くの被害者が「未認定」患者として、十分な補償を受けられずにきた。

被害者の分断は、問題の解決を非常に難しくする。補償・救済を受けられない被害者は、異議申し立てを続けざるをえず、事態は長期化する。水俣病事件で、いまだに紛争が完全には終結していないという事実からも、このことは明らかである。

福島原発事故では、「自主避難者」たちの運動によって、比較的早い段階で中間指針の追補が決定され、補償範囲が拡大された(二〇一一年一二月)。しかし、その補償額が不十分であることなどから課題も残されており、納得できない避難者たちは、原子力損害賠償紛争解決センターに申し立てを行なっている。集団訴訟も提起されてくるだろう。

なお今後、「強制避難者」の「自主避難者」化が進行していく。たとえば飯舘村では、避難指示解除の時期について、早い行政区では二〇一四年三月、一番遅い行政区でも二〇一七年三月実施とすることが、同村と国の間で合意された(二〇一二年一〇月)。避難指示解除がなされれば、その後の「避難」は「自主避難」にならざるをえない。避難指示の解除は、精神的苦痛に対する慰謝料の支払い終期に直結する。その点では「強制避難」と「自主避難」の区別がなくなっていくのである。同時に、避難区域では、避難指示解除の時期により補償額に差が出るなどして、「強制避難者」のなかで新たな分断も生じていくであろう。

このことを展望すれば、いまある「強制避難」と「自主避難」の格差だけを前提に議論するのではなく、原発避難による被害の総体を捉える視点が必要である。さらに、避難せずとどまった人びとの被害をも含め、被害を全体として理解することが求められる。

加害者「主導」の被害補償とその破綻

第二は、加害者が補償範囲を決め、決着を図ろうとしたものの、被害者の抵抗にあい失敗していることである。これまでの章でみてきたように、福島原発事故では、加害者自身が補償基準を策定し、請求の査定も行ない、さらには補償の打ち切りまで提起するに至っている。

加害者が補償の範囲や額を提示するというのは、水俣病事件で失敗した「見舞金契約」を思い起こさせる。一九五九年一二月、水俣病患者たちは加害企業チッソとの間で、低額な見舞金の代わりに、将来チッソの廃水が原因と分かっても新たな補償要求をしないことなどを条件とする契約を結ばされた(これを「見舞金契約」と呼んでいる)。

しかし後に、水俣病裁判での熊本地方裁判所の判決(一九七三年)は、この契約について、患者たちの「無知」と貧困につけこみ、極端に低額の見舞金の代わりに損害賠償請求権を放棄させるものであるから、民法第九〇条にしたがって、公序良俗違反であり無効だとしたのである。東電の「補償基準」は、公序良俗違反とまではいえないにしても、そこに「見舞金契約」と類似の構図をみてとることができる。

もちろん契約は、形式的には加害者と被害者の「合意」にちがいないが、個々の被害者と大企業の間には圧倒的な力の差があり、対等な交渉の結果ではない。今回の場合もそうである。

第Ⅰ章3節でみたように、東電の補償基準が公表された後、二〇一一年秋以降の展開は、被害者の抵抗や世論の批判によって、東電の思いどおりには物事が進まなくなっていく過程であった。しかし、補償打ち切りという加害者側の「まきかえし」もあり、今後のゆくえは、被害者側がこれに対してどのような動きをみせるかにかかっている。

最近の動きでは、二〇一二年一二月三日に、「強制避難者」一八世帯四〇人が、東電に対して約一九億四〇〇〇万円の損害賠償を求める訴訟を、福島地方裁判所いわき支部に提起したことが注目される。こうした加害責任追及の取り組みは今後、各地に広がるものとみられる。

費用負担にみる建前と実態の乖離

第三は、加害者が被害補償の責任を果たしているようにみえても、費用負担の実態はそうなっておらず、実際には責任が曖昧になっていることである。責任論を欠いた補償スキームでは、建前と実態が乖離する。

第Ⅰ章2節で述べた支援機構法でも、建前では東電は免責されず、むしろ補償の第一義的責任を有することになっている。したがって、被害者に補償を支払うのは、かたちのうえでは東電である。しかし実態をみれば、その原資は国から出ることになる。さらに電気料金や税金を通じて、国民に転嫁されていく。他方、東電の株主や金融機関は、応分の負担をしているとはいえない。東電に第一義的責任があるようにみえて、肝心の部分が抜け落ちているのである。

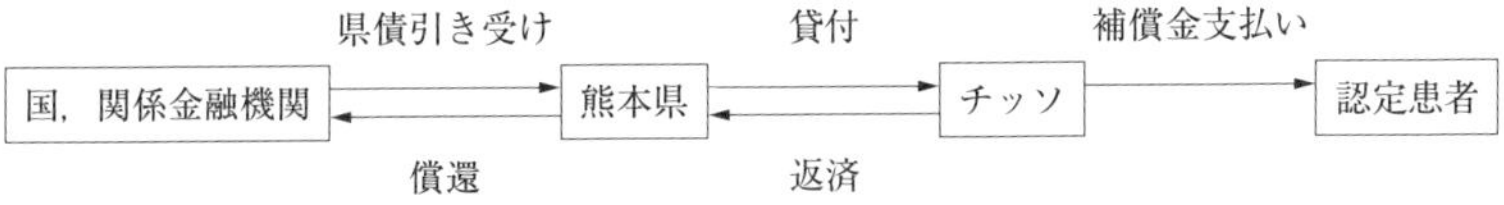

出所：拙著『環境被害の責任と費用負担』有斐閣，2007年，62頁，図2-2(一部略)

図12　「患者県債」によるチッソ金融支援の仕組み

二〇一一年五月一〇日の記者会見で、菅直人首相(当時)は、今回の事故について「東電とともに、原子力政策を国策として進めてきた政府にも大きな責任」があると述べた。では、支援機構法に盛りこまれた国の支援は、この責任に基づく費用負担なのかといえば、そうではない。第I章2節で明らかにしたとおり、あくまで東電の補償責任「遂行」を援助する措置なのである。

このような建前と実態の乖離は、水俣病事件でもみられる。一九七〇代末以降に政府が行なってきた加害企業チッソへの金融支援では、チッソが被害補償にあたっているかのような体裁をとりつつ、その背後で、公的資金投入などの措置が延々と続けられてきた。この構造は、現在まで継続している(拙著『環境被害の責任と費用負担』有斐閣、二〇〇七年、第二章)。

一九七三年、水俣病裁判で患者側勝訴の判決が出され、これに基づいて補償協定が締結された。チッソは認定患者に対し、一時金や年金などの補償を支払うことになり、これまでの累計額は約一五〇〇億円にのぼる。当初は、チッソがまがりなりにも補償を支払ってきたが、認定患者の増加とともに補償額も増大したため、資金繰りの悪化を背景として、一九七八年にチッソ金融支援が開始された。これは、チッソが熊本県を介し、補償の元手の大半について国から借金する仕組みである(**図12**)。

こうして、かたちのうえでは補償責任がチッソに負わされる一方、費用負担の実態をみれば、結果的に補償額のほぼ全額がこの仕組みによって賄われることになった。しかし、その金を国が出すのは、水俣病に関する責任とは無関係、という体裁がとられたのである。この結果、チッソは多額の有利子負債を抱えこむことになったため、一九九九年にチッソ支援「抜本策」が決定され、政府の水俣病補償への関与はさらに拡大している。

ところで水俣病被害者のうち、補償の対象となった認定患者はわずかであり、ほとんどは補償を受けられない未認定患者であった。未認定患者は、さまざまな手段で補償・救済を求める運動を展開したが、なかでも国家賠償等請求訴訟(国賠訴訟)は、多数の原告による大型訴訟となった。長期の裁判運動の末、一九九五年に当時の連立与党から解決案が提示され、関西訴訟を除く国賠訴訟は終結した。これにより、約三一七億円の一時金が被害者側に支払われた(被害者団体への加算金を含む)。

しかし、ここでも建前と実態の乖離が貫徹していた。すなわち、一時金を支払うのは形式的にはチッソだが、実はその八五%について、国の一般会計から、熊本県を経由しチッソに補助がなされた。しかも、当初は返還条件つきであったが、前述の「抜本策」の一環として、チッソは返済の必要がなくなり、実質的に国の負担となったのである。水俣病をめぐる紛争が長期化したのは、このように責任の所在が曖昧にされてきたことに、大きな原因がある。

戦後日本の公害問題の教訓とは

以上みてきたように、公害問題でも福島の事故と同様の問題が起きてきた。その教訓は、これまでの研究でかなり明らかにされている（原田正純『豊かさと棄民たち――水俣学事始め』岩波書店、二〇〇七年、宮本憲一『環境経済学　新版』岩波書店、二〇〇七年、など）。そこには多面的な内容が含まれるが、被害補償との関係でいえば、次の三点が重要であろう。

第一は、何よりもまず、被害の実態と全容を解明することが大切である。そのためには調査・研究も必要だが、被害者自身が訴えることを容易にする条件づくりが欠かせない。次の第二の点はその要となる。

第二に重要なのは、被害を引き起こした主体の責任に基づいて、補償・救済の仕組みをつくることである。補償・救済制度ができてはじめて、被害者自身も被害を受けていることを自覚する、というプロセスは公害問題でもみられた。逆に、補償・救済がなされないと、被害は潜在してしまう。被害の全容を明らかにすることと、補償・救済をきちんと行なうことは、表裏一体の関係にある。

第三は、補償・救済の内容を金銭的な補償だけにとどめず、被害者に対する福祉的措置や、被害地域の再生など、息の長い取り組みを着実に続けることである。金銭的な補償だけで、ふるさとを取り戻すことはできないし、避難者の生活再建が保障されるわけでもない。とくに今回の事故では、放射能汚染の低減や、人びとの健康影響が明らかになるまでに長期間を要する。健康被害が出た場合の措置や、その費用負担の仕組みをあらかじめ用意しておかねばならない。また、被害地域の再生・復興も、時間をかけた取り組みにならざるをえない。加害者は、補償打ち切りを急ぐのではなく、むしろ長い時間を要する解決過程と正面から向き合い、被害地域の住民・自治体とともに、その過程に主体的に参加していくことが求められる。

福島原発事故の被害補償においても、水俣病など公害問題から学ぶことのできる事柄は多いはずであり、それを問題解決に役立てていく必要があろう。

2 被害者の権利回復に向けて

重大な権利侵害

被害実態に詳しい弁護士の秋元理匡《あきもとまさただ》氏は、原発事故の被害者がどのような権利侵害を受けたかを明らかにしている。いうまでもなく、居住・移転の自由（憲法第二二条一項）や財産権（同第二九条）に対する重大な侵害があった。それだけでなく避難者たちは、ふるさとを追われ、土地に根差す数々の営みを失った。これは「いきがい」や「夢」を奪われたのと同じであり、包括的人権としての幸福追求権（同第一三条）を侵害されたというべきである（秋元理匡「原子力損害賠償――被害救済法理の試み」『自由と正義』二〇一二年七月号）。こうした被害を全面的に補償・回復していかねばならない。

しかしながら、東電が進めている被害補償には、きわめて重大な欠落がある。すでに述べたとおり、避難者に対し、生活基盤の再取得を保障しえない。また、「ふるさとの喪失」という深刻な被害が考慮されず、慰謝料が低額に抑えられている。これでは被害者の権利を回復することはできない。

原発事故がなければあったはずの仕事や生活を、被害者が取り戻せるようにする施策・措置が必要である。そのためには、これまでの被害に対する補償とともに、将来に向けた生活再建措置が不可欠である。金銭的に補償すべきは補償させ、それで間にあわない部分については、他の施策・措置を講じなくてはならない。筆者は、こうした総合的な取り組みを「全面補償」と名づけている（前掲『原発事故の被害と補償』）。

つまり、金銭的な補償だけで避難者の生活再建が可能になるわけではなく、他の支援措置や「復興」施策との連携も重要である。しかし現状では、避難者の生活再建に、補償の多寡が大きく影響することも否定できない。

二〇一二年七月、経産省と東電は補償打ち切りを発表したが、前年の秋以降にみられたように、不十分な補償に対する不満が再び高まり、東電の策定した基準への強い批判となって、あらわれてくる可能性もある。避難者たちが、自らの被害実態に基づいて、補償基準の問題点を積極的に明らかにしていこうとする取り組みもはじまっている。また前述のように、裁判を通じて、加害責任を追及していこうという動きが広がりつつある。

東電が補償基準を定めたとしても、それは加害者ですら認める最低限の内容であり、被害はその範囲を大きく越えて広がっている。その広がりを明らかにしていく作業が求められている。

継続的な被害実態調査を

福島原発事故は、公害研究者である故・宇井純氏が名づけた「中和」段階に到達したようにみえる。水俣病事件初期のように、原因究明が進むと、専門家も動員して加害者側から大規模な反論が展開され、事実が覆い隠されてしまう。宇井氏はこれを「中和」と呼んだ(宇井純『公害の政治学――水俣病を追って』三省堂新書、一九六八年)。

今回の場合、東電や政府は最初から事故や被害を小さくみせようとしてきた。その最たるものが、二〇一一年一二月の政府の「事故収束」宣言である。これを真に受けた人はそう多くないだろうが、「中和」作業は着々と進められているようだ。第Ⅱ章4節で述べたように、「事故収束」宣言には、福島の人びとや専門家から疑問の声が多くあがっている。その一方で、事故の記憶がしだいに「風化」しつつあるという危惧も聞かれる。被害者による提訴などの取り組みが、この流れをどこまで反転させることができるのかが注目される。

今後、避難区域再編と帰還の動きが進むとしても、それで被害がなくなるのではない。ありようが変化するだけである。被害者の生活再建を確実なものとするためにも、つねに被害の実態に立ち戻らねばならない。そのための継続的な調査が必要である。

3　東電「国有化」から電力改革へ

東電はつぶれず料金値上げまで

二〇一二年九月一日から、東電は家庭向けなどの電気料金を値上げした。電気を多く使う小規模な事業者は、とくに値上げ幅が大きくなる。

東電が値上げを申請したのが二〇一二年五月で、それから経産省が認可するまでに二カ月を経た。その間、審査や公聴会で東電が批判を浴びたのが、「原発事故の負担を利用者にしわ寄せするな」という点である。値上げ申請は、東日本大震災により原発を動かせなくなったことで、それに代わる火力発電の燃料費がかさんだためだという。事故を起こしたのは東電だが、事故対応のコストは利用者に転嫁される。

批判を受けて、値上げ幅は若干小さくなった。しかし、福島県が県内のすべての原発の廃止を求めているにもかかわらず、東電は、福島原発の減価償却費と維持費を、電気料金を計算するための原価に含めている。

第Ⅰ章2節で述べたように、東電は、原発事故を起こしたことで事実上、経営破綻の状態に陥った。ところが、その後つくられた支援機構法のおかげで、破綻を免れている。すでにみたように、これは原発事故のコスト負担を、税金や電気料金を通じて、国民や利用者に転嫁していく仕組みである。

しかし、事故コストの電気料金への転嫁をおしすすめるならば、実は「原発は安くない」ことが、人びとの目にますます明らかとなるだろう。単に見かけ上、高いか安いかではなく、将来世代が安心して暮らせるようにするには、どのようなエネルギーを選んだらよいか。政策転換に向けて国民的な議論が必要である。

東電「国有化」と電力改革への道

支援機構法に基づいて、機構が東電に対し最初に行なった援助の形態は、返済義務のない資金交付であった。二〇一二年末までに、累計で一兆七四九〇億円が交付され、その原資を国が出している。

しかし支援機構法は、この使途を被害補償に限定している。東電はこれ以外にも、事故処理、廃炉などのため巨額の費用を賄わなくてはならないが、機構の交付する資金はそれには使えない。そこで、東電への資本注入(株式の引き受け)が浮上してきた。

現在、東電のすべての原発は停止しているが、動かせない原発は「不良資産」であり、利潤を生まず、維持コストがかさんでいく(金子勝『原発は不良債権である』岩波ブックレット、二〇一二年)。東電は、原発再稼働と電気料金値上げで資金繰りを確保しようとしたが、結局、資本注入を受け入れざるをえなかった。

政府は二〇一二年七月末、機構を通じて東電に一兆円の資本注入を行ない、議決権の過半を握った。いわゆる東電の「実質国有化」である。東電「実質国有化」が実施されたのであれば、「政治」の意思いかんで、電力改革の可能性を広げることができるはずである。それには、国が「腹を決める」必要がある。

第I章冒頭で述べたように、国がこれまで原発を推進し、必要な規制を怠ってきたのは明らかであり、第一義的責任は東電にあるにせよ、国も今回の事故被害に対する責任は免れない。こうした国の責任が、東電に対する公的資金投入の根拠となるべきであり、過去の反省こそ政策転換の出発点におかれなくてはならない。

『朝日新聞』二〇一二年二月一六日付の社説も、薬害エイズやB型肝炎で国が責任を認め被害者救済や賠償を担ったことを挙げ、今回の事故処理についても最終的な責任をとるよう求めている。それにより、国民一人ひとりが「福島の人たちを自分のことと考え……今後のエネルギー政策を真剣に考えることにつながる」と述べている。大いに共感できる主張である。

ところが、二〇一二年一二月の総選挙を受けて成立した安倍政権は、福島第一原発の廃炉費用を「研究費」名目で国が支援するという方針を、早くも明らかにしている(『朝日新聞』二〇一二年一二月二九日付)。これは、事故被害に関する責任とは無関係に、東電の事故対応コストを国が肩代わりすることを意味しており、責任の明確化に背を向けるものであろう。

被害補償を含めた事故のコストが、税金や電気料金値上げによって国民に転嫁されるとなると、福島の人びととその他国民との間に、対立と分断がもちこまれる危険性がある。しかし、国民への負担転嫁は、東電の株主、債権者が負担を免れていることを意味する。このことを忘れてはならない。さらに、いわゆる「原子力村」を構成するプラントメーカーなどの関連業界にも、その社会的責任に基づく負担を求めてよかろう。

当面、国民負担が増加するとしても、それを梃子《てこ》に過去の反省をふまえた電力改革を進めるのか、あるいは単に東電を温存するだけに終わるのかでは、まったく異なる。日本のエネルギー政策がどちらの道を進むのかは、「政治」の意思、ひいては国民の意思にかかっているのである。

除本理史

大阪市立大学大学院経営学研究科准教授．1971年，神奈川県生まれ．一橋大学大学院経済学研究科博士課程単位取得．一橋大学博士(経済学)．環境政策論，環境経済学を専攻．著書に『環境被害の責任と費用負担』(有斐閣，2007年)，『環境再生のまちづくり――四日市から考える政策提言』(共編著，ミネルヴァ書房，2008年)，『環境の政治経済学』(共著，ミネルヴァ書房，2010年)，『原発事故の被害と補償――フクシマと「人間の復興」』(共著，大月書店，2012年)，『西淀川公害の40年――維持可能な環境都市をめざして』(共編著，ミネルヴァ書房，2013年)など．

原発賠償を問う――曖昧な責任，翻弄される避難者　　岩波ブックレット866

2013年3月6日　第1刷発行

著　者　除本理史《よけもとまさふみ》

発行者　山口昭男

発行所　株式会社 岩波書店
〒101-8002 東京都千代田区一ツ橋2-5-5
電話案内 03-5210-4000　販売部 03-5210-4111
ブックレット編集部 03-5210-4069
http://www.iwanami.co.jp/hensyu/booklet/

印刷・製本　法令印刷　　装丁　副田高行　　表紙イラスト　藤原ヒロコ

ISBN 978-4-00-270866-9　　Printed in Japan